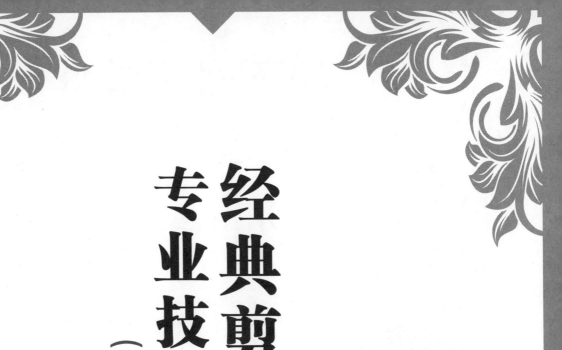

经典剪发专业技术图解（视频教学版）

润凯 编著

波波头

人民邮电出版社

北京

二维码使用说明

没有厚度的齐发层次
娃娃头

　　此款发型的长度正好到达肩部，轮廓线基本上呈水平状。它的典型特征是几乎感觉不到发重积位置的存在，比较平坦的感觉，是这一组发型当中最接近层次修剪的娃娃头。为了达到这种效果，应取接近纵向的斜向发片修剪，同时要保持齐发的厚度。

打开手机，扫一扫二维码，
即可观看高清剪发视频。

打开手机，扫一扫二维码，即可观看高清视频，零距离展现发型修剪关键技术。

Contents

第一章 剪发前的基础知识

在学习剪发技术之前，有必要先学习一下相关基础知识，本书中的基础知识，是头部骨骼的特征、剪刀的基本用法，以及剪发时发片的划分方法等，即使想成为最简单的剪发专业人士，这些知识也必须要记住。

头部骨骼特征和发区特征

　　剪发的时候，头部的弧度和骨骼的特征，以及各个区域头发的特征、头发造型和效果，这些基本的知识都记住的话，对剪发技术的活用是十分重要的。

　　首先我们来了解一下骨骼的特征，以及头部各个关键点的名称。

头部骨骼的关键点

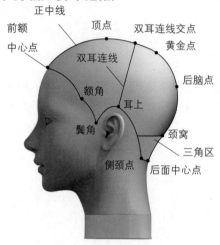

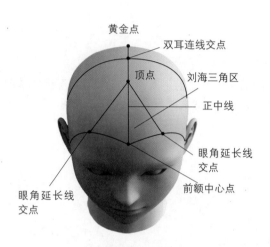

　　头发是不能一下剪完的，大的发区、小的发区都要分开进行修剪，因此有必要根据各个发区逐一进行修剪。发区和发区分开，从哪里到哪里要连接在一起进行修剪时，头部骨骼的各个关键点就显得十分重要了。以上的三个图的关键点以及它们各自的含义要记住。

正中线：将头部从正中间分开左右两部分的线，也叫中心线。

前额中心点：前面的中心处，正中线的起点。

顶点：正中线上的头部最高的地方。

双耳连线交点：两个耳朵从耳上位置相连接的线，与正中线的交汇点。

黄金分割点：下颚的前端和耳根的延长线与正中线相交的地方。这里发量多，能够左右发型的平衡，经常用 GP 来表示。

刘海三角区：构成刘海的基本区域，两个眼睛的中部向上的延长点（眼角延长线交点）和顶点形成三角形，根据所需要的发型可以改变三角区的大小。

三角区：头部后面颈窝以下的发区，在专业领域一般统称为后颈。

耳上：耳朵最高位置上面的头发。

鬓角：头发在耳朵前长出的最细微的那一部分。

额角：鼻子和眼角连线的延长线和发际线的交点。

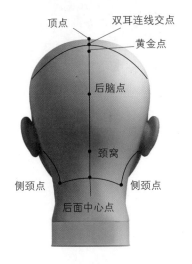

后脑点：正中线上的头部后面最突出的点。
颈窝：正中线上的后颈的下陷处。
后面中心点：正中线在后面的终点位置。
侧颈点：后面底部发际线最两侧的点。

各发区头发的特征

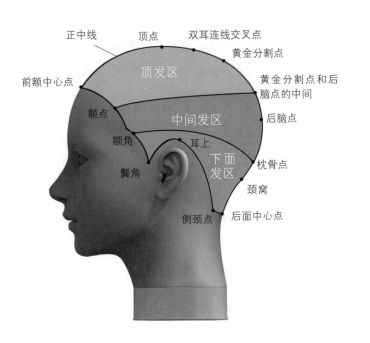

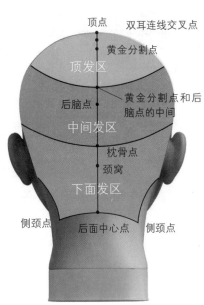

顶发区
前面的额角与黄金分割点和后脑点的中间位置的连接线围起来的部分叫做顶发区。这个区域的头发能够表现出发型的表面特征，形成头发的动感和轻盈感。

中间发区
顶发区往下、额角和枕骨点连接线以上的区域，叫做中间发区。这个区域的头发在顶发区下面，控制头发造型的形状、发量和轮廓。

下面发区
再往下剩余的部分为下面发区，这个区域的头发在中间区域下面，构成发型的外界线。

选择适合自己的剪刀，掌握剪刀的正确握法和用法

在剪发过程中，剪刀和美发师的手是有互补性的，选择适合自己的剪刀很重要。
这里先来了解一下剪刀的选择方法和剪刀的握法和用法。

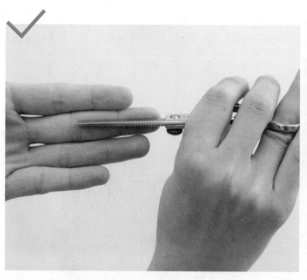

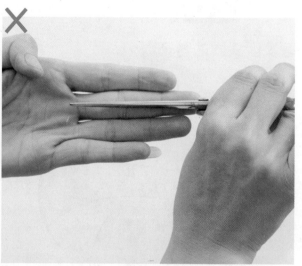

像图片中那样用中指抵住剪刀，一般用食指和中指夹住头发，用剪刀刀刃部分进行剪发。剪刀刀刃的长度比中指长度短一些能更好地与手配合。

这把剪刀刀刃比中指要长一些，这样的话，就不能顺畅地进行剪发了，手和剪刀的配合会很糟糕。

左边为6.5英寸的剪刀，右边为6.2英寸的剪刀。在后面剪刀握法的展示中，我们选择6.5英寸的来展示。

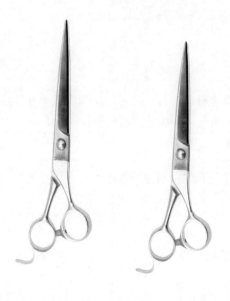

剪刀的正确握法

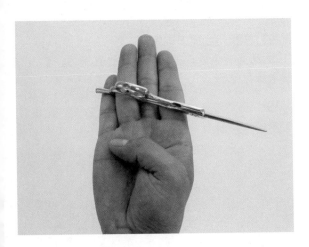

无名指插入剪刀的固定握把中，和地板平行握住。

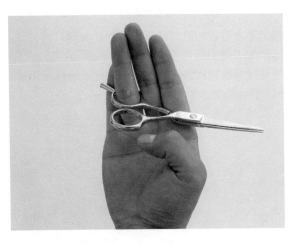

另一边用拇指支撑。

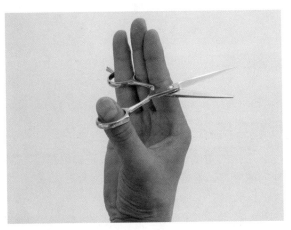

将拇指稍稍插入活动的握把，从剪刀的上面开始轻轻压住保持稳定，只是用拇指来控制活动的握把来剪头发。

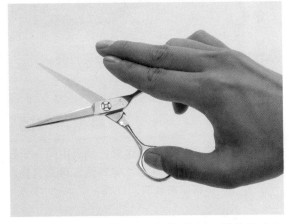

活动的剪刀刃的握把中，拇指的插入程度基本上是图片中这个样子。

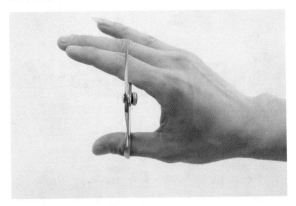

拇指插入握法过多是不行的。

这种握法也不行，剪刀如果斜的话，剪成的切口也是斜的，一定要注意。

空手练习剪刀的几种方法

找到适合自己的剪刀，掌握正确的握剪刀的方法，接下来进行打开和闭合剪刀的练习。
这项练习随时随地都可以进行。固定的剪刀刃保持不动，只活动另一个能动的剪刀刃，一直练习
到能够从容地打开、闭合以后，接下来就是用其他各种方法来练习空剪了。

一开一合，剪刀的开闭练习

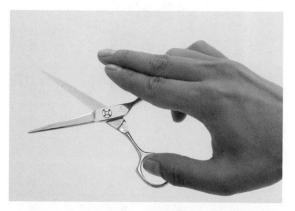

不动的剪刀刃一边固定，活动的刀刃打开。

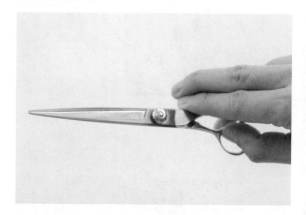

闭合练习。

根据不同的目的进行空剪练习

接下来进行空剪练习。在这里，分别用同一长度修剪、堆积重量修剪、层次修剪这三种具有代表性的剪法，进行空剪练习。

手肘、手指的角度都有意识地摆成正确的角度，从外向内修剪，就好像在修剪一个发片。

同一长度修剪

发束向下垂直拉伸，与地面垂直。切口和地面平行。右方组图为空剪练习示范，两只手的角度通常是固定的，中指使不动剪刀刃稳定，只有活动刀刃在动。

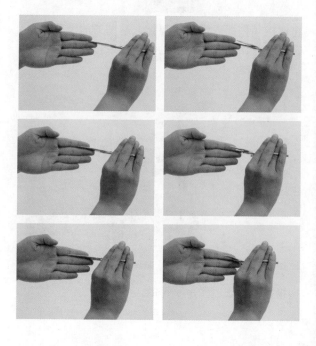

堆积重量修剪

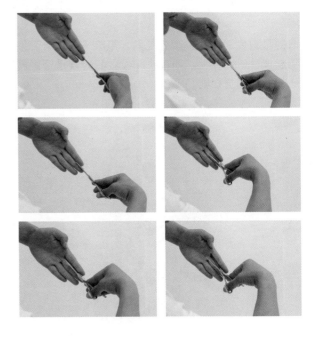

拉伸出斜45°的发束，对于这个发束呈直角将剪刀插入进行修剪是堆积重量修剪的基本方法。剪完的发束放下后，形成上长下短的线条。堆积重量修剪时，要保持同一个姿势进行修剪，两手也要保持拉伸的角度。中指确保不动的剪刀刃稳定，同时移动活动的剪刀刃。

层次修剪

层次修剪，是指相对于头皮90°提拉发束、对于发束形成直角将剪刀插入进行剪发的方法。剪完的发束放下后，形成上短下长的层次差。进行空剪练习的时候，要保持同一个姿势进行修剪。中指使不动的剪刀刃保持稳定，只有活动的剪刀刃进行移动。下面的空剪练习，是垂直于地面拉出发束进行的练习，但在实际剪发操作中，会像左边图片中那样，根据头部弧度的变化，垂直于头皮提拉发片，移动身体和手臂来进行修剪。

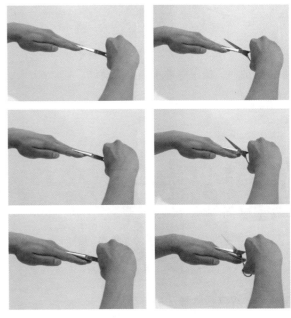

剪刀和梳子同时使用时的握法

剪刀是剪发时不可缺少的工具，而梳子也是分开发束、整理头发的必要工具，因此剪发时几乎都是将两个一起握住进行作业。所以一起握住的时候是否顺畅对于工作的进行也十分重要。下面来看看将剪刀和梳子一起握住的方法吧。

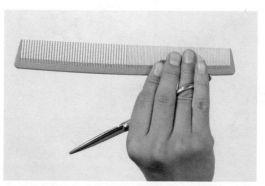

剪刀和梳子一起握住的时候，小指插入活动的剪刀刃的握把，无名指插入不动的剪刀刃的握把。无名指、中指、食指、拇指握住梳子进行移动。

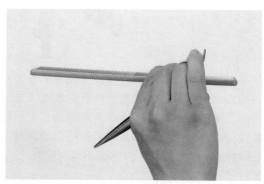

梳子和头发形成直角，手指弯曲，梳子放平。

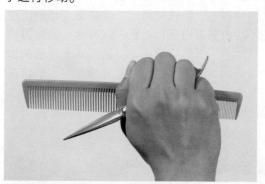

手指弯曲时，梳子随着手指上下滑动。

图中为在左手划分发束、右手用梳子整理发束的方法。

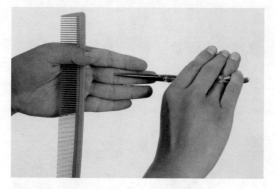

剪发时，左手握住梳子进行替换。

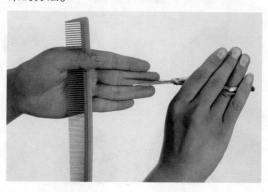

一边握住梳子一边进行空剪练习。

剪发工具

剪发中剪刀自然是主角，除此之外还需要各种各样的其他工具，在这里分别介绍一下。

长尾梳
手握在梳齿尾部，在卷发和对头发上色的铝箔作业中，尾尖得较多。剪发的话，用尾尖分开发束十分方便。

剪发梳子
剪发梳子的梳齿有疏密之分。通常使用的是稀疏的梳齿。在头发较细或需要整理头发表面的时候，使用细的梳齿。

九排梳
又名排骨梳。吹发时不想使头发过于紧致但又想要形成自然风格时使用。

陶瓷刷
吹发时将头发垂直拉伸，形成头发走向，同时使发尖形成弧度时使用。

扁刷
对长发的发梢进行拉伸、形成整洁表面时自然干燥风格时使用。

手持吹风机
剪发未能达到发型造型效果时，可以用手持吹风机吹干造型。只有干燥的头发才能形成灵活的层次达到层次差的微妙区别。

发夹
用来固定发束的基本的工具。

喷水壶
有时为了使头发能在潮湿的状态下修剪，喷水壶是不可或缺的工具。

鳄鱼夹
像鳄鱼一样的剪子。鳄鱼嘴的部分是用来夹住分区的。

发区的划分

为了剪发能更容易地进行，这里介绍以骨骼点为基准的将头发分区的方法。
头发的划分，有大的发区的划分，有小的发区的划分，划分得再细的话，就是发束的划分和很薄的发片的划分。在这里以骨骼点为基准进行发区的划分。可参看前面骨骼点的介绍。

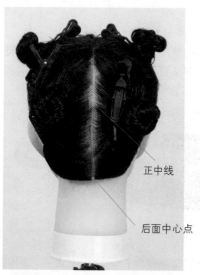

正中线

后面中心点

双耳连线

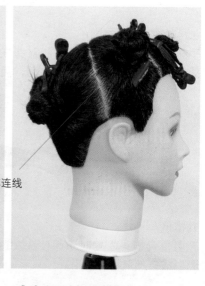

从后面正中线分开的发区

正中线左右对称式的发区划分是最基本的划分方法。

左侧面的头发从双耳连线分开的发区

左侧发区是以双耳连线分开，这里和右边保持对称划分是很重要的。

右侧面的头发从双耳连线分开的发区

右侧发区是以双耳连线分开，这里和左边保持对称划分是很重要的。

顶点

眼角延长线交点

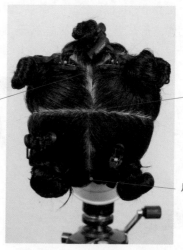

双耳连线交点

后面中心点

刘海三角区

两个眼角向上的延长线和顶点连接的三角形区域。

从顶部角度检查后面分区

不单单是正中线，双耳连线的点、顶点也看得很清楚了。

发片的划分方法

发片，也称为薄片，就是将头发划分很薄的薄片的意思。
剪发不是一蹴而就的，发片的划分是不可缺少的要素。
同时在这里也介绍中心线的划分方法，因为中心线的划分方法也离不开发片划分的技术。

用梳子划分发片

用梳齿插入薄片线。

反转手腕将梳子回转，同时梳齿牵引头发，一直到梳齿最深的位置。

再将梳子反转过来，将发根仔细地梳立起来，将头发向上拉伸。

就这样相对于头皮垂直拉伸出来。

基本中的基本：左右均等地划出正中线

前面

耳朵和鼻子的位置确定了正中线平行从前往后竖直形状。

用梳子沿头顶到鼻子的位置，确认梳子左右均等，沿着这条线将头发左右分开。

头发左右分开后用梳子认真梳理。

头发从正中线左右分开的正视图效果。

后面

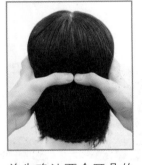

首先确认两个耳朵的位置，用两个拇指确认正中线的位置。

一边用拇指在后脑正中间压住头发，一边在拇指延长线上，从顶点开始快速将头发用梳子左右分开。

划分好之后，将左右的头发梳理整齐。

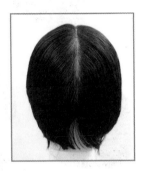

后面头发从正中线左右分开的样子。

根据想要的发型划分横向、纵向、斜向的发片

剪发的时候，根据想要做成的造型来划分不同的发片。通过下面发片知识的讲解，
会了解发片在剪发中是多么重要。

横向发片：用来制作外界线

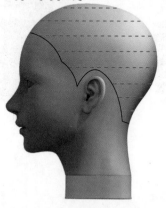

想要强调外界线为同一长度的发型的时候，就划分成横向的发片。

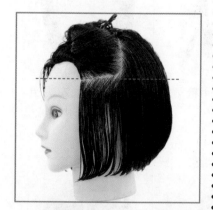

纵向发片：形成带有轻松感的层次发型

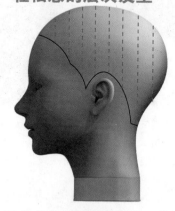

区分出大范围的层次差、做成带有轻盈动感的发型时，就划分纵向发片。分格越是向上，形成的层次差越大。

层次差

斜向发片：形成圆弧形造型

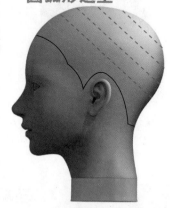

沿着头部弧度制作出有层次的形状时，就划分成斜向发片。同时兼有横向发片、纵向发片的功能。

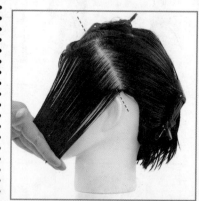

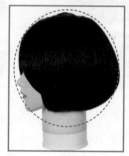

划分发片的基本练习

发片和塑形是具有连贯性的，在同一个流程中的练习十分重要。
在这里，我们将要进行横向发片、纵向发片、斜向发片的划分练习。

横向发片和形状

头部后面的正中线上的中间位置放置拇指，在那里插入梳齿。　保持这个状态，向左平行移动梳子。　继续向左平行移动梳子。　将左上角剩余头发固定好，下面的发片形成固定的形状。　然后从同一个出发点，向右进行同样的划分。

向左平行移动梳子，就可一气呵成划分发片。　划分出发片后，就可以进行仔细的形状修剪了。

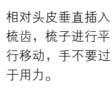  

相对头皮垂直插入梳齿，梳子进行平行移动，手不要过于用力。

纵向发片和形状

仔细固定好形状。将耳前区域头发划分出来。　用梳齿划分约3厘米的宽度的发片。梳齿尖一边向下移动一边形成发片。　获取宽度为3厘米的纵向的发片。　发片上提的效果。

斜向发片和形状

首先是整体梳理好头发。

用手分出约3厘米宽的发片。

分出斜向的发片，这个时候形成的发片分界线，与地板呈45°。

将梳子呈45°放在发片位置。

梳子的梳齿反转以后，发片就保留在了梳子上。

形成的发片的形状。

用手分取宽度约为3厘米的斜向发片。

均等分取发片的方法

如果不能均等获取发片的话，就无法正确地进行剪发。下面展示的是均等获取发片的诀窍。

用梳子确认第一片发片的宽度。

用梳子抵在确认的地方，然后再接着确认第二片发片的宽度。

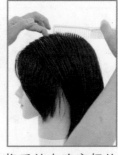

将手放在确定好的位置。

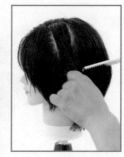

一气呵成地分出发片线。

用手分取第二片发片。

剪发时要具备的导线意识

　　导线就是具有可参照性的事物。通常剪发中的导线是发区中最先进行修剪的发片，同一发区中的其余发片可以此发片为参照来修剪。

　　我们从剪成同一长度的横向发片来看一下，发片厚度全部为2~3厘米，就可以看到想要剪的发片下面的导线。如果所取的发片比3厘米厚一些，那就看不见下面的导线了，就无法以导线为基准顺利地修剪了。

横向发片的导线

快速分出3厘米厚的横向发片。

根据想要剪的长度，从发片中间开始修剪。

以正中间修剪完的部分为导线，快修剪整个发片。

继续修剪，和正中间的导线相连接，剪成一条水平的发线。

向左持续水平修剪。

向右持续水平修剪。

持续将右边剪完，形成了同一长度。这一发片就成为上面发片的导线。

导线的左右对称是十分重要的，如果不对称的话，就不能正确地进行剪发。

然后向上取3厘米厚的发片，下面的导线还能看得见，这是关键点。

以下面的发片为导线，先剪中间，再剪左边。

将右边也修剪完。 然后移动到左侧发区，取横向的发片，在后脑区导线的延长线上修剪。 持续将此发片剪完。此发片成为侧发区修剪的导线。 然后向上取3厘米后的发片，向下梳理。 以下面的发片为导线修剪。

纵向发片的导线

层次发型取纵向薄片进行修剪，也是以已经剪好的第一个发片为导线，不过也有以下面的发片为导线修剪的。无论那种情况，发片的获取都以能看到导线为标准。

以前一个发片为导线时候，能看到横向的导线。

以下面的发片为导线的时候，无论从导线的哪里开始剪，最后发片和导线都要形成一条直线。

手指夹取发片的正确方法

食指与中指重叠，并形成轻微的交叉。这样的话，指尖处就没有空隙了，能更牢固地夹住发片。

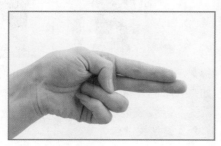 

从黄金分割点开始做堆积重量修剪的导线

在头发造型中，有重量堆积的地方，往往从黄金分割点（也叫黄金点）向下堆积。在这一区域进行堆积重量修剪时要先做出长度的导线，并以它为向导，对后脑区的头发进行修剪。

可以看出来的重量堆积处的挤压线的位置。

将黄金分割点处的头发拉伸出来，决定好想要修剪到的长度和位置。

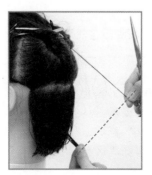

将黄金分割点的头发和三角区的头发都以45°向后拉伸，两个发梢相连形成剪发的切口，这个切口所在的角度成为堆积重量修剪的导线。

配合黄金分割点和三角区的头发做成的导线进行剪发。

寻找黄金分割点的方法

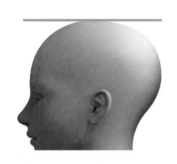

梳子（绿色横线）先水平放置在顶点。

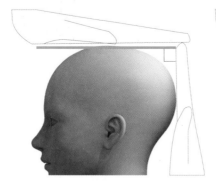

两手分别在头顶和后脑做成直角的角度。

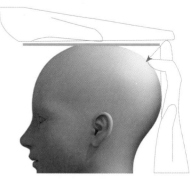

食指自然地向前倾倒，和头皮接触的位置正好是这个45°的位置，这里就是黄金分割点的位置。

0° 修剪、堆积重量修剪和去除重量修剪

0° 修剪

0° 修剪，是指所有头发处于自然下垂的状态下进行的修剪。

发片提拉的角度为 0° ，即垂直于地面修剪，BOB 头用得比较多。具体到发线的形状，还有方形 0° 修剪、圆形 0° 修剪、三角形 0° 修剪等区分。右图以方形 0° 修剪为例。

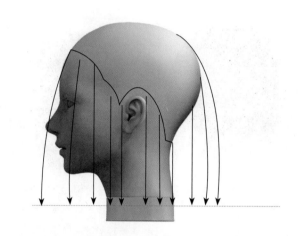

堆积重量修剪

堆积重量修剪，简称 G，是指头发提拉角度在 90° 以下（1°~89°）进行的修剪。

发片提拉的角度在 1° ~89°，逐渐堆积重量，形成上长下短的线条。堆积重量使头发重叠，重叠产生体积，从而使发型产生饱满感，达到重塑头型的作用。

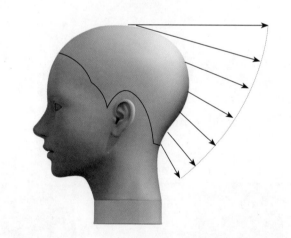

去除重量修剪

去除重量修剪，简称 L，是指头发提拉角度在 90° 或 90° 以上进行的修剪。

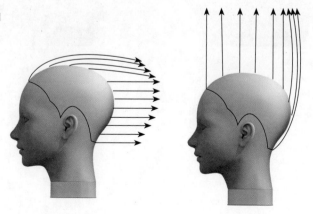

发片提拉的角度在 90° 或 90° 以上时，修剪后的发型整体落差大，看起来有细碎的、柔和的视觉效果。去除重量使头型产生饱满效果的同时可以保留外线长度。如下图所示，都是去除重量修剪的示例图。

方形修剪、圆形修剪和三角形修剪

方形修剪、圆形修剪和三角形修剪，是发型的三维结构，是指头发拉向不同的位置、用不同的剪法剪出比较立体的、具有设计感的结构。

方形修剪

方形修剪，是指将一部分头发或全体头发，向某个角度提拉出来，用90°切口（即剪切口和发片成直角）修剪，剪切口呈现出一个平整的面。方形和不同的重量修剪技术相结合，会产生不同的效果。

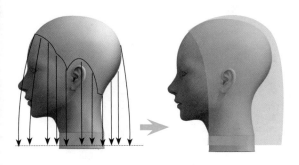

方形 0° 修剪
发片 0° 提拉，剪切线呈水平状态。

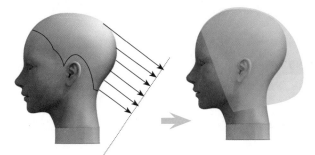

方形堆积重量修剪
发片提拉角度在 1~90° 之间，后脑区有发重堆积部位。

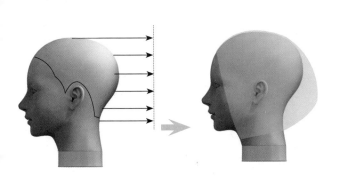

方形后方去除重量修剪
发片提拉角度为 90°，后脑区有发重堆积部位，比起1~90° 提拉修剪，发重堆积部位的位置稍高一些。

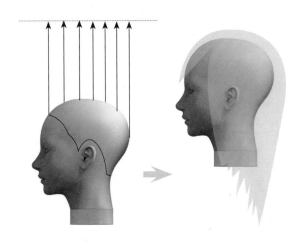

方形头顶去除重量修剪
发片垂直于地面向上提拉，90° 切口修剪。

圆形修剪

圆形修剪，是指将一部分头发或全部头发，以头部为圆心，修剪长度为半径进行修剪，剪切面和头部弧度向符合。圆形修剪和不同的重量修剪技术相结合，也会产生不同的效果。

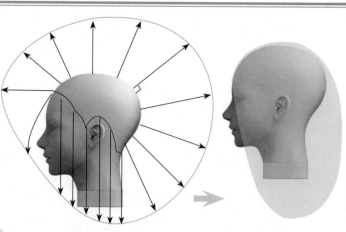

圆形堆积重量修剪

后脑区黄金分割点以下的头发1~90°之间提拉，剪切线呈现出前低后高的弧线。

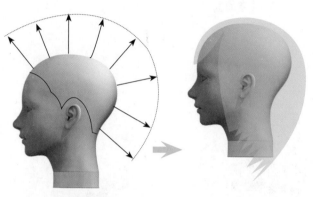

圆形去除重量修剪

发片垂直于头皮提拉，等长修剪。

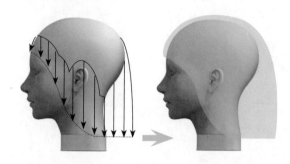

圆形 0° 修剪

发片 0° 提拉，剪切线呈现出前高后低的弧线。

三角形修剪

三角形修剪，是指将一部分头发或全部头发，提拉出来，剪切面和头部弧度相反，可以说和圆形修剪的剪切面是相反的。三角形修剪和不同的重量修剪技术相结合，也会产生不同的效果，其中比较经典的是三角形 0° 修剪和三角形去除重量修剪。

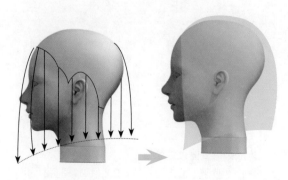

三角形 0° 修剪

发片 0° 提拉，剪切线呈现出前低后高的弧线。

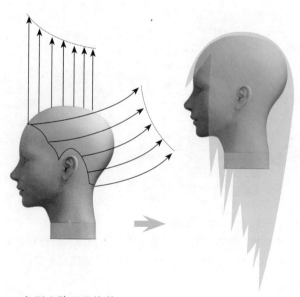

三角形去除重量修剪

发片 90° 以上提拉修剪，剪切面于头部弧度相反。

层次的概念

层次的含义

　　头发能够重叠，堆积出想要的形状。垂直于头皮拉伸出发片时，发片上部的长度和下部的长度如何处理，可分成 4 种分类，分别以 G、HG、S、L 为标记，对其进行分类。

层次 G
堆积重量修剪的层次，将发片修剪得上面长、下面短的状态。

高层次HG
发片上部比起下部长，两者的差较小。

相同层次S
方形层次，发片上部、下部的长度相同。

层次L
去除重量修剪的层次。发片上面短、下面长的状态。

各种层次发型修剪出来的形状特征

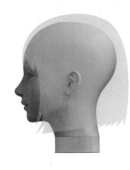

层次G的造型特征
发线达到同一长度或者与此相近，有厚重感。发型整体有宽度，重心低。

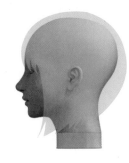

高层次HG的造型特征
层次中最感到轻松的造型。发型有弧度，重心的位置较高。

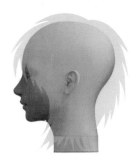

相同层次S的造型特征
反映了头部的形状，形成有弧度的竖长的形状，不同的层次形成了头发的动感。

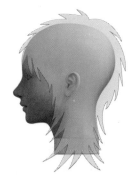

层次L的造型特征
中间细长的造型。发梢变薄，给人以松散的印象，比起 S 造型更加突出头发的动感。

四种层次修剪技术

采用不同的修剪技术，可以剪出不同的层次效果。常用的层次修剪技术为
FG、BG、SL 和 RL。下面一一介绍。

FG 修剪

向前拉伸修剪。同一长度的头发向前拉伸进行剪
发的话，形成前高后低层次的切口。基本上是 45°向
前拉伸进行剪发。

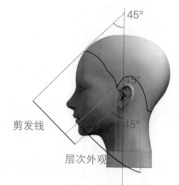

45°

45°

45°

剪发线

层次外观

BG 修剪

向后拉伸修剪。同一长度的头发向
后拉伸进行剪发的话，形成前低后高层
次的切口。基本上 45°往后拉伸进行
剪发。

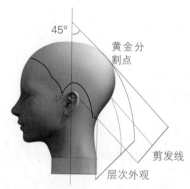

45°

黄金分
割点

45°

剪发线

层次外观

SL 修剪

平行于地面拉伸修剪。发片平行于地面拉伸，90°平行剪发
的话，会形成中间细的层次切口。黄金分割点的头发越短，层次
差越大，头发越轻盈。三角区这里的特征就是中间细两头粗。并且，
如果大于 90°向上提拉修剪的话，角度越大，层次差越大，头发
越轻盈。

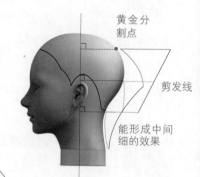

黄金分
割点

剪发线

能形成中间
细的效果

RL 修剪

RL 是环状层次修剪，全部的发片都垂
直于头皮提拉（也称为从基本区域拉伸出
来），与头部弧度相吻合进行剪发，可有
效调节发量和弥补骨骼的不足之处。

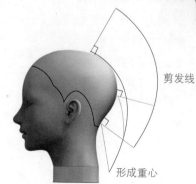

剪发线

形成重心

发片提拉角度的基本知识

利用发片提拉角度进行修剪，有时也称为升降法。将头发上提进行剪发，然后头发下落时形成一定的层次差。这个层次差的幅度的变化带来不同的造型。

各种提拉角度的介绍

升降法

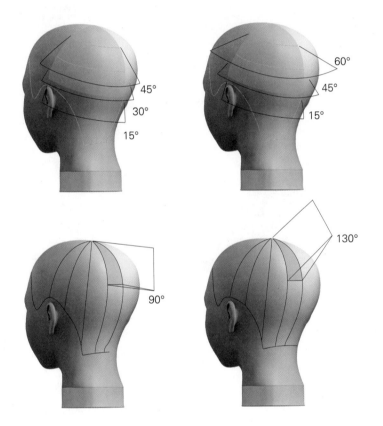

横向划分发片

横向划分发片，发片的升降高度越高，层次差就越大。并且在横向划分发片的时候，将发片提升90°以上情况几乎是没有的。

纵向划分发片

划分纵向发片，发片提拉角度越大，层次差也越大。

这里所讲的提拉角度，是从正下方开始向上提拉多少度，并不是相对于头皮的角度；相反从"基本区"提拉，则是针对头皮形成90°提拉的意思。

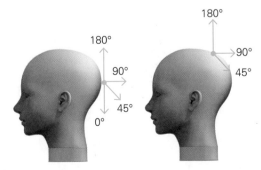

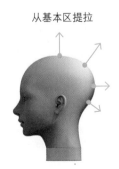

OD 连接修剪技术

　　我们通常也称为一带一，是指纵向的发片，一个发片带向另一个发片的位置进行修剪的技术。OD 连接可以使纵向发片之间的连接更自然。发片无论向前连接，还是向后连接，长度都会发生变化。

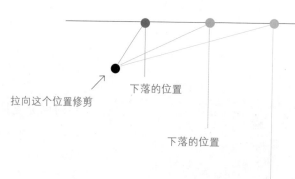

拉向这个位置修剪

下落的位置

下落的位置

下落的位置

实际下落的位置与剪发的位置距离越近，头发就变得越短，距离越远则头发越长。

开始修剪位置

从前面开始进行 OD 剪发

开始修剪位置

从后面开始进行 OD 剪发

应用以上原理，以发片向前或者向后剪发为例，开始剪发时是在基本区剪发，之后每一个发片都偏向前一个发片进行剪发。向前拉伸剪后，后面变长，形成前高后低发线，向后拉伸修剪后，前面变长，形成前低后高的发线。

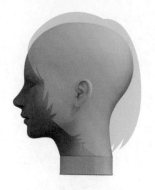

前高后低的发线

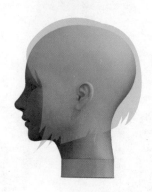

前低后高的发线

第二章 各类型发型比较

本书有 3 大类发型，每种发型又从中拓展出来 4 种情况，一共 12 种发型。详细对比如下。

前缀式层次娃娃头 A

发型 A

发型 A-1

发型 A-2

发型 A-3

先确定轮廓线的层次娃娃头 B

发型 B

发型 B-1

发型 B-2

发型 B-3

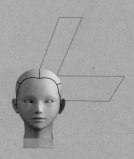

两种轮廓线相混合的曲线娃娃头C

发型 C

发型 C-1

发型 C-2

发型 C-3

第三章 发型类型 A：前缀式层次娃娃头

发型 A

沿着整个头部的弧度，剪出既有比较舒缓的倾斜度、又有立体感的圆形。舒缓的线条、适中的厚度是这个发型的基本设计。

发型 A−1

与基本型发型 A 相比，这款发型更注重从高点突然变成前缀式。而锐角处（即脸颊两侧的尖角）的表现，则通过发重的高低操作决定。

从后脑区开始修剪的前缀式层次娃娃头是最基本的发型种类。前缀式短发，从后向前入剪，让剪发过程可以更加顺畅。层次修剪的基本技巧，就是通过抬高头发和90°切口（即发片和剪刀之间的夹角为90°）修剪，而在整个过程中最为重要的，就是要决定好第一步的入剪位置。

发型 A-3

发型 A-3 是这款发型中最有立体感的，与基本型发型 A 相比，底部线条更加趋于直线型。剪发的关键是侧边要剪薄。

发型 A-2

发型 A-2 是这组发型中发重堆积位置最低的一款，比较有厚重感。底部线条比较平缓，需要有非常细腻的控制手法。

发型 A

从后脑区开始修剪的 前缀式层次娃娃头

按照头部形状剪出立体感，设计出比较有厚度的平衡感。此发型有圆润的弧形，头发最厚位置较高，从后向前平缓衔接。此发型也是比较基础的款式，无论是侧边的厚度，还是侧边的平缓坡度都要有立体感、平衡感。

发型分析

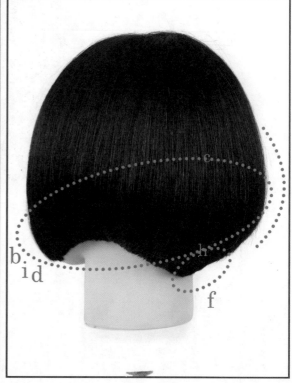

1. 从什么地方开始剪发

如上图所示：

（1）a 部前长后短，外部线条也有层次感。

（2）b 部外部线条和轮廓线基本上处于平行位置，前短后长。

（3）c 部沿着头部弧度剪，有立体感。

前长后短的发型，从后脑区开始入剪，向前推进修剪出前缀式层次短发。

2. 如何划分发片

如上图所示：

（1）d 部发重堆积位置，取后脑勺部的凹陷处与下颚连接。

（2）e 部呈弧线型，有厚度。

（3）f 部脖颈处要沿着骨骼有立体感。

（4）g 部发重堆积位置，在后脑区凹陷处上方。

脖颈处具有立体感，因此枕骨以下发区，从后脑区中心向周围一点放射划分发片修剪，枕骨以上发区则划分横向的平行发片修剪，和头部弧度贴合，并且有一定厚度。

3. 发重的高低处理以及发区之间的衔接修剪

如上图所示:

(1) h 部尽管是弧形的,但是会有很清晰的发重堆积线。

(2) i 部随着向前推进修剪,形成有锐角的边缘线。

从后脑区下部逐渐上升修剪,形成发重堆积点,之后向两边移动修剪,并且发线逐渐下降,形成立体感,让整个线条有锐角的效果。

各发区修剪分析

后脑区枕骨以下区域

一点放射取纵向发片,设定发重堆积位置和长度,然后以"八"字形逐渐向两侧移动,在脖颈处做出立体感。

侧发区和刘海区

在耳朵的正中部取和发重堆积位置平行的发片,向下拉伸,90°切口修剪,向上推进修剪至刘海区中线。操作的时候要注意前面的两侧留出足够的长度。

后脑区上部

后脑区部逐渐提拉发片修剪,做出弧形,到了两侧则开始下降修剪,突出厚重点。

发片分析图

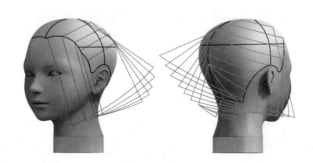

发片展开图

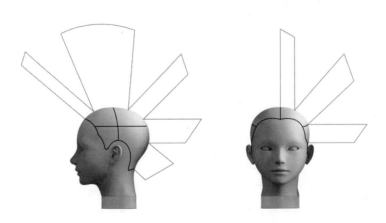

发型 A 具体修剪过程

01 从中心线将头发分为左右两部分，分别用卡子固定。

02 中心线上，从枕骨向下取宽度约为 2 厘米的三角形发片，为发片 1。

03 取发片 1 的过程。注意将其他头发用夹子向上固定。

04 发片 1 取好的状态。

05 左手食指、中指夹住取出的发片 1。

06 将发片 1 和头皮保持垂直拉出。

07 按照设定的长度，90° 切口修剪。

08 先修剪发束的上半部分。

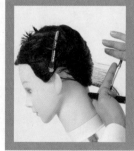

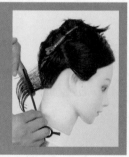

09 从上到下修剪。

10 发片 1 修剪完毕的状态。

11 同样从枕骨处向右区呈一点放射状取第二个宽度约 2 厘米的发片（发片 2）。

12 垂直于头皮拉出。

13 这次指尖向下，从下向上剪。

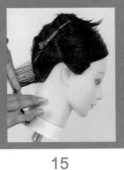

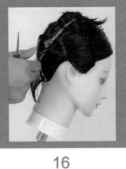

14	15	16	17

以发片1为导线，90°切口修剪。

切口要整齐。

和步骤11一样，继续右区一点放射取发片3。

将发片3自然下垂梳顺。

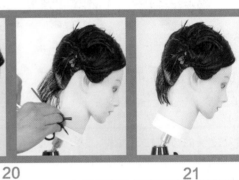

18	19	20	21

将发片按照自然生长方向拉出。

以发片2为导线，从下向上修剪。

注意切口修剪整齐。

发片3修剪完成后的样子。

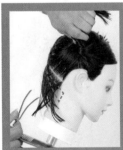

22	23	24	25

继续向右方一点放射取发片4。

其余头发向上固定好。

将发片4向下梳顺。

取完发片4的后视图以及细节图。

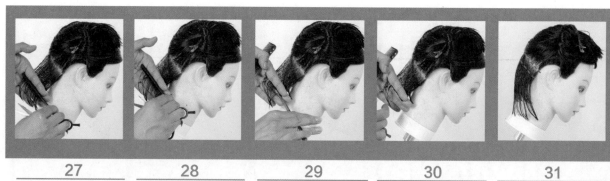

27	28	29	30	31
将发片4按照头发生长方向拉出来。	食指、中指夹住发片。	从下开始向上剪。	一次不能剪完，可以分两次剪。	到这里注意，取发片5时，不再是一点放射地取，而是和发片4平行地取。

32	33	34	35
沿头发生长的方向拉出发片，从下向上90°切口修剪。注意发片拉出的方向和分界线垂直。	和发片5平行地取发片6。	沿头发自然生长方向拉出，指尖向下修剪。	发片垂直于分界线，90°切口修剪。

36	37	38
如果一次不能剪完，可以分成若干次来剪，注意切口要保持一致。	修剪时的后视图。	和发片6平行地取发片7。

    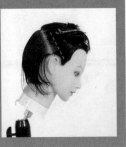

39	40	41	42

将发片 7 向下拉伸，以发片 6 为导线，90°切口修剪。

由于发片比较宽，可以从右向左分成若干次修剪。注意发片角度随着头型弧度的改变而改变，但是每次修剪时，发片都要垂直于分界线。

保持切口干净整齐。如果不整齐的话，重新检查修剪。

继续向上平行取发片 8，向下梳顺。

43	44	45	46

沿头发自然生长方向提拉发片，且发片垂直于分界线。

90°切口修剪。发片较宽，从右到左分成若干次修剪。注意发片角度随着头型弧度的改变而改变，但是每次修剪时，发片都要垂直于分界线。

保持切口整齐。

继续向上平行的发片 9，向下梳顺。

47	48

发片较宽，分成若干次修剪。先从左边剪起。注意发片角度随着头型弧度的改变而改变。

向右推进，剪发片 9 的中间部分。发片沿头发生长方向提拉，垂直于分界线，90°切口修剪。

49

继续向右推进，以发片 8 为导线，90°切口修剪。切口要修剪整齐。

50

和发片 9 平行取发片 10。

51

发片 10 很宽，从左向右可以分成 4 次来剪。先剪左边第一部分。以发片 9 为导线，90° 切口修剪。

52

向右推进剪第二部分。

53

继续向右推进剪第三部分。

54

将发片 10 剪过的部分梳顺，用食指和中指夹住，整理修剪不整齐的地方。

55

将发片 10 剩余没剪的头发和剪过的头发一起拉起。

56

比对着剪过的部分来剪剩余部分。

57

切口整体上保持整齐。

58

将剪过的头发自然垂下。

59

再次检查切口。

60	61	62
剪掉不整齐的头发。发片10修剪完毕。	向上取平行的发片11。	剩余头发固定好。

63	64	65	66	67
将发片11向下梳顺。	同样以发片10为导线，分成几次来剪。	从左边开始，按照头发自然生长方向拉出，以发片10为导线来剪。	用梳子向右梳取发片。	90°切口修剪，保持切口整齐。

68	69	70
参照左边剪完的部分来剪。	继续向右梳取发片来剪。	继续向右梳起剩余部分，参照左边剪完的部分来剪。

71	72	73	74	75
发片 11 修剪完毕。	继续向上平行取发片 12，剩余头发固定起来。	发片 12 的修剪和发片 11 一样，从左边开始剪。	逐次向右推进来剪。	切口和发片呈 90°，保持切口整齐。

76	77	78
继续向右梳取发片。	参照左边剪过的部分来剪。	发片 12 修剪完毕。

79	80
将夹子取下，将头部右半区剩余头发梳顺，为发片 13。发片 13 参照发片 12，分成两次来剪。先剪左半部分。	参照左半部分剪右半部分。发片 13 剪完。

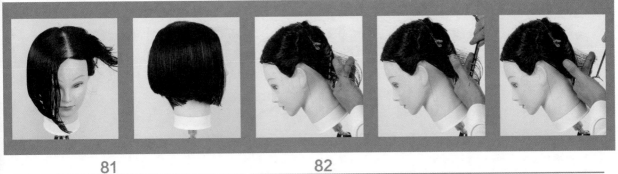

81

整个右半区头发全部剪完的状态。

82

开始剪头部左半区。参照步骤 10 中的发片 1，向左边一点放射地取宽度为 2 厘米的三角形发片 2，垂直于头皮拉出，指尖向上，90° 切口修剪。

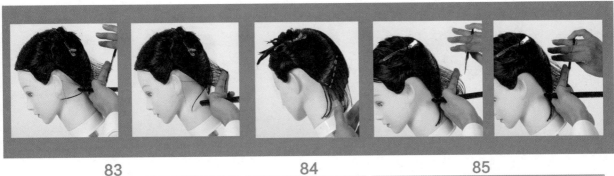

83

将发片 2 分数次剪完，切口修剪整齐。

84

同样向左一点放射取三角形的发片 3，并向下梳顺。

85

按照头发自然生长的方向提拉发片，90° 切口修剪。将发片 3 分数次修剪。

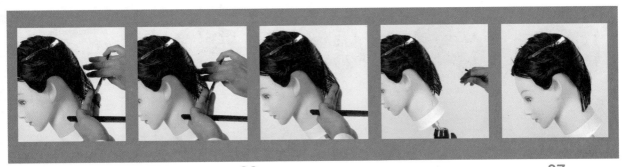

86

发片 3 的修剪过程。指尖向上，分数次修剪。切口要整齐。

87

发片 3 修剪完成。

88	89	90	91
同样一点放射取发片 4。	以发片 3 为导线，从右向左 90° 切口修剪。	参照发片 3，将发片 4 分成数次修剪。	从右向左修剪整齐。

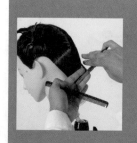    

92	93	94
修剪过程。	取发片 5，注意不再是一点放射地去取，而是和发片 4 平行来取。	同样沿头发自然生长的方向拉出发片，以发片 4 为导线，从右向左修剪。

    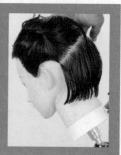

95

分数次修剪完毕，注意保持切口的整齐。

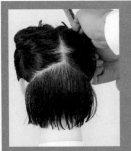    

96	97	98

发片 5 剪完的后视图。检查一下是否左右对称。

然后继续向上取平行的发片 6。

将发片 6 自然下垂，梳顺，并和头部右半部分的头发相互比对，参照右半部分长度修剪。

99

比对头部右半部分的头发，按照头发自然生长方向提拉发片，从右向左，90°切口分数次剪完。

   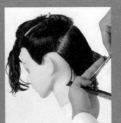 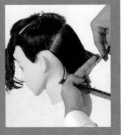

100	101	102

从右向左的修剪过程。随着头型弧度提拉发片修剪。

修剪完成后，用梳子梳顺。

将切口不整齐的地方修剪整齐。

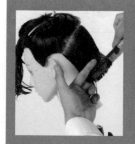  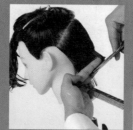  

103	104	105
继续用梳子梳顺，检查切口。	将切口不整齐的地方修剪整齐。	整理完毕后，用梳子梳顺。

    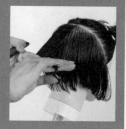

106	107	108	109
继续向上取平行的发片 7，并将其余头发固定。	将发片 7 自然向下梳理。	比照头部右半区的发片，从右向左剪发片 7。	按照头发生长方向自然提拉发片，90° 切口修剪。

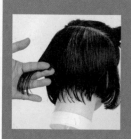    

110	112	113	114	115
继续向左修剪。	修剪发片 7 的后视图。	检查切口。	修剪切口。	继续向左修剪。

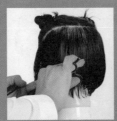

116	117
继续向上平行取发片8。	从右向左分几次修剪，90°切口修剪。

118	119	120	121
注意切口整齐，注意左右对称。	发片8修剪完毕。	继续向上平行取发片9，向下梳顺。	按照头发自然生长方向拉出来，以发片8为导线，90°切口，从左边剪起。这也是修剪耳前区域头发的过程。向下拉伸，以发片8为导线修剪。

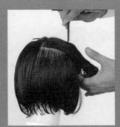

122	123	124	125
发片9的耳前区域剪完的状态。	然后开始修剪发片9的右边。注意将和发片9相对称的右半区的发片取下，作为修剪发片9的导线。	发片9分成数次来剪，从右边开始。	从右向左的修剪过程。注意要随着头部弧度取发片，始终保持发片沿自然生长的方向拉出，90°切口修剪。

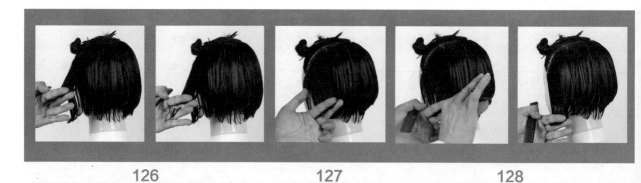

126

继续向左推进修剪。

127

不断检查切口。

128

将切口修剪整齐。

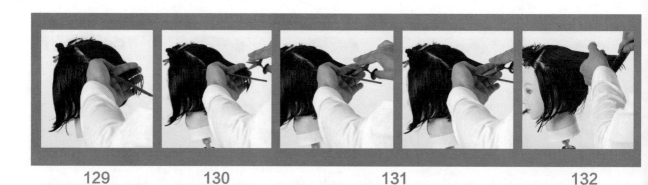

129

继续向上平行取发片 10，梳顺。

130

从右向左修剪。

131

按照头发自然生长方向提拉发片，以发片 9 为导线，90° 切口修剪。

132

继续向左推进，用梳子梳取发片。

133

参照剪过的部分，沿头发生长方向提拉，90° 切口修剪。

134

继续向左选取发片，耳前区域头发，向后拉向耳朵上方，参照剪过的部分进行 90° 切口修剪。

135

向前取发至发际线，用梳子梳向耳朵上方。

136

食指、中指牢牢夹住发片，从右向左修剪。

137

再次梳理发片，检查切口。

138

再次修剪切口。

139

取刘海两侧左右对称的两缕头发，从若干角度比对看是否一样长，如果长度不一样，整理成一样长。

140

将卡子取下，剩下的头发向下梳顺，为发片11。

141

以发片10为导线，从右边开始90°切口修剪。

142

向左推进取发修剪的过程。耳前区域头发向后拉向耳朵上方修剪。

143

继续向左推进修剪。耳前区域头发向后拉向耳朵上方修剪。

144
将切口修剪整齐。

145
继续将发片 11 拉向耳后修剪切口。

146
然后将发片 12 拉向头部前面检查切口。

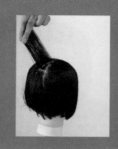

147
将切口修剪整齐。

148
从这一步开始，从头顶中心放射状向下取发片，垂直于头皮提拉，去角修剪。

149
垂直于头皮拉出。

150
去角修剪。

151
将修剪过的发片翻向左边放置。

152
继续向右呈放射状取发片，垂直于头皮拉出，去角修剪。

153
继续将检查完的头发翻向左边放置。

164
继续向右取一点放射取发片，垂直于头皮拉出，去角修剪，然后翻向左边放置。

155

156

157

和前面一样，继续向右一点放射取发片，垂直于头皮拉出，去角修剪。

像这样，一直向右推进，取至右侧耳上部分，去角修剪。

然后将头发从中心线分成左右两个发区。

    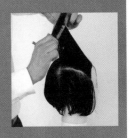

158

159

160

从顶部发区开始。右半区从耳上取横向的发片，去角修剪。

去角修剪的过程。

继续向前取发，取至前额发际线。

  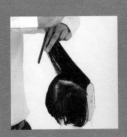  

161

162

163

向上提拉，去角修剪。

去角修剪。

开始对左半区顶区的去角修剪。向左取放射状发片，垂直于头皮提拉，90°切口去角修剪。

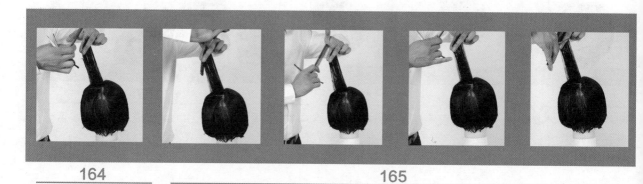

164

去角修剪。

165

去角修剪。从后向前推进修剪。

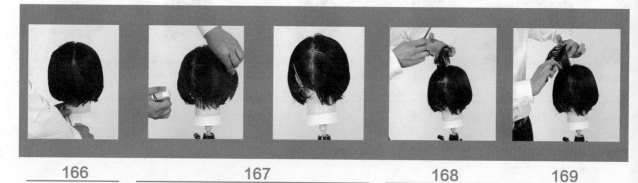

166

修剪完的样子。

167

修剪完后向右梳理。延长线右边的头发，也向右梳理。

168

向左推进，一点放射取发片。

169

垂直于头皮提拉。

170	171	172	173
90°切口去角修剪。	从下向上去角修剪。	一直将此发片剪完。	继续向左一点放射取发片，拉向头顶中心区域。

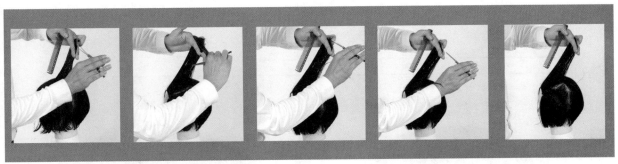

174	175	176	177	178
去角修剪。	继续向前取发片，取至前额发际线。	拉向头顶中心区域。	90°切口去角修剪。	一直将发片剪完。

发型 A 湿发状态

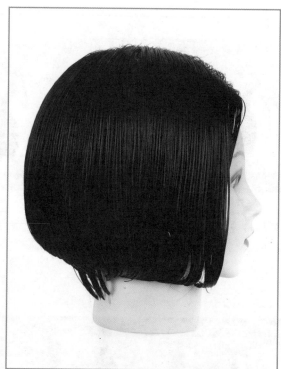
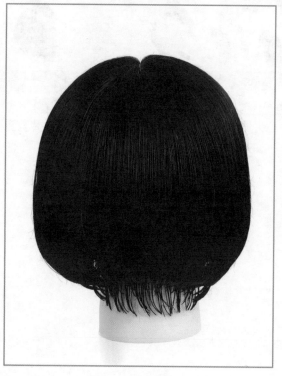
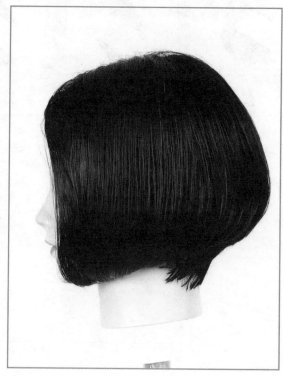

发型 A 干发状态

发型 A-1

后脑区较高位置堆积发重，向前推进剪出下垂式线条

与基本发型 A 比起来，此发型前部的锐角更加突出，发线上下起伏角度也更大。但是如果起伏过强，就会忽略掉最外层头发落下来时的位置。要时刻有意识地掌握最外层头发的下垂位置。

发型分析

 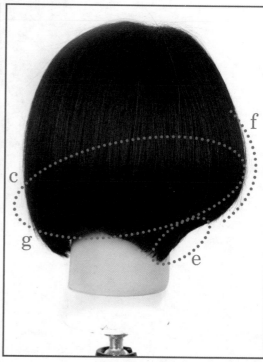

1. 从什么地方开始剪发

如上图所示：

（1）a 部比起基本发型 A，轮廓线更加向下倾斜。

（2）b 部轮廓线也要注意有层次感。

此发型前长后短，从后脑区开始入剪，向前推进修剪出前缀式层次短发。

2. 如何划分发片

如上图所示：

（1）c 部与轮廓线相比，轮廓线几乎是呈水平状前缀。

（2）d 部发重堆积位置与眼睛同高，要比长发的位置高。

（3）e 部脖颈处要沿着骨骼剪，要有立体感，但是比起基本发型要更加地有锐角感。

为了提高后脑区发重位置，在后脑区从中间部位开始一点放射取发片，做出立体效果。向两侧推进修剪时，取前低后高的斜向发片，进行修剪。

3. 发重的高低处理以及发区之间的衔接修剪

如上图所示：

（1）f部尽管是弧形的，但有很清晰的发重堆积位置，比起基本发型A有更加尖锐的锐角。

（2）g部从一个较高的位置突然下降形成下垂式的有厚度的曲线。轮廓线也呈急坡状。

（3）h部随着向前推进修剪，形成有锐角的外部线条。

后脑区逐渐上升修剪，形成一个弧形发重堆积，之后向两侧推进修剪，边下降边剪，形成立体感。从脖颈处到耳后的曲线就好像是一个R形一样，边上升边修剪。从后侧面到侧面堆积修剪，做出一个比较急的下垂式。向前边下降边修剪，做出整体感觉更加尖锐的锐角。

各发区修剪分析

枕骨以下发区

在后脑凹陷处上方稍高的中间部位一点放射取纵向发片，向着发重堆积位置修剪，沿着头部的弧形曲线给脖颈处做出形状。

侧发区和刘海区

两侧取前低后高的平行发片，向前做成比较急的前缀曲线，向后则向上剪起，进行堆积发量操作，最后做成后部的弧形和两侧的锐角。向上推进修剪至刘海区中线。

后脑区上部

后脑区取和轮廓线平行的前低后高的发片，90°切口进行堆积重量修剪。修剪时要注意最外层的轮廓线以及头发的长度。中心部位边上升边剪，向外侧推进的过程中改成边下降边剪，做出立体的形状。

发片分析图

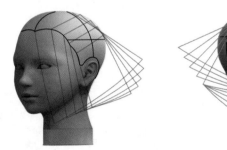

发片展开图

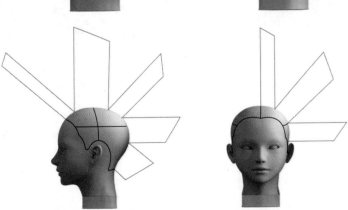

发型 A-1 具体修剪过程

01
沿中心线将头发分成左右两部分。

02
将左边的头发暂时向上固定。

03
右边头发从枕骨向下，一点放射取发片，为发片 1。

04
将剩余的头发梳理好。

05
扭转后向上固定。

06
左半部分的头发，也扭转向上固定。

07
枕骨向下呈三角形的发片 1。

08
发片 1 后视图。向下梳顺。

09
发片 1 侧视图。

10
用食指和中指夹住发片 1，垂直于头皮拉出。

11
按照设定的长度，90° 切口修剪。

12	13	14	15
继续向右，一点放射状来取发片2。	将发片2梳理至自然下垂状态。	用食指和中指夹住发片2，和头皮保持垂直拉出。	以发片1为导线，指尖向下，90°切口来剪。

16	17	18	19
继续向右，一点放射状取发片3。	用食指和中指夹住发片3，垂直于头皮拉出，先剪下半部分。	梳理后再剪上半部分。	继续向右，一点放射状取发片4。

20	21	22	23	24
将发片4按照头发自然生长的方向拉出。	从右向左，以发片3为导线，90°切口修剪。	发片4剪完的状态。	从发片5开始，向上平行取发片。	发片5的修剪和发片4一样。

25	26	27	28	29
从右向左修剪。	发片5修剪完毕的状态。	继续向上平行取发片6，向下梳顺。	将发片6按头发自然生长的方向拉出。	以发片5为导线，90°切口从右向左修剪。

    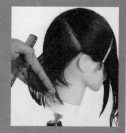

30	31	32	33
可以分数次修剪，注意切口要整齐。	发片6修剪完毕。	继续向上平行取发片7。	发片7较宽，可以分数次来剪。先剪右边。

34	35	36	37
头发沿自然生长方向拉出，以发片6为导线，90°切口修剪。	继续向左修剪，直至发片7修剪完成。	继续向上平行取发片8。	将发片8分成数次修剪。

38	39	40
从左向右来修剪。先剪最左边的头发。	然后依次从左向右推进来剪。	耳前区域头发，拉向耳后位置，90°切口修剪。

41	42	43	44	45
然后向下取纵向发片，向下过渡去角修剪。	向右推进，继续取纵向发片，向下过渡去角修剪。	切口要整齐。	向上取平行的发片9，向下梳顺。	顺按头发自然生长的方向拉出。

46	47	48	49
从左向右修剪。以发片8为导线，90°切口修剪。	左边部分剪完后的状态。	取中间部分，参照左边部分的长度来剪。耳前区域头发拉向耳后修剪。	向右推进到发际线，拉向耳后修剪。

50	51	52	53	54
90°切口修剪。	发片 9 修剪完毕。	继续向上平行取发片 10，向下梳顺。	发片 10 也从左向右来剪。	向右推进，90°切口修剪。

55	56
从左向右依次修剪程。耳前区域头发拉向耳后修剪。	发片 10 修剪完后成的状态。

57	58	59	60
继续向上平行取发片 11。	将发片按照头发生长方向拉起，以发片 10 为导线，90°切口从左向右剪。	先剪左边。	然后剪中间部分。耳前区域头发拉向耳后修剪。

61	62	63
向右推进到发际线取发，和中间部分一起拉起，拉向耳后，参照中间部分来剪。	修剪耳前区域头发，从不同角度检查切口。切口修剪整齐。	发片 11 修剪完毕。

64	65	66
剩余头发为发片 12。将卡子取下。	发片 12 分成两次来剪，先剪左边。注意头发拉出的方向，要沿头发自然生长的方向拉出。	继续向右取发，取至发际线，沿头发自然生长的方向拉出。

67	68	69	70
90° 切口修剪，将切口修剪整齐。	右侧头发全部剪完。	开始修剪左边。和修剪右边时一样，贴中心线一点放射取发片 1。	将发片 1 垂直于头皮拉出来，90° 切口修剪。

71	72	73	74	75
修剪完毕向下梳理。	向左一点放射取发片2。	垂直于头皮拉出，以发片1为导线，从上向下剪。	90°切口修剪。	发片2修剪完毕。

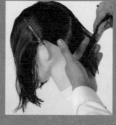

76	77	78	79	80
继续向左一点放射取发片3。	将发片3沿头发生长的方向拉出来。	以发片2为导线，从上往下开始修剪。	90°切口修剪。	指尖向上，从右向左推进修剪。

81	82	83	84	85
继续向左一点放射取发片4。	将发片4向下梳理，同时向右半区多梳理一些头发作为参照，这样还可以使左区和右区的过渡更自然。	取过渡区的头发，参照右边头发的长度来剪。修剪时头发要沿生长方向拉出，90°切口修剪。	过渡区剪完后的状态。	继续向左推进修剪。

86	87	88	89	90
继续向左推进修剪。	和发片4平行，向上取发片5。	同样也从右半区多取一些头发，和发片5融合在一起，使左右区过渡更自然。	修剪过渡区。将头发沿自然生长方向拉出，90°切口修剪。	过渡区修剪完毕。

91	92	93	94	95
继续向左推进修剪。	以发片4为导线，90°切口修剪。	继续向左推进修剪。	90°切口修剪。	切口修剪整齐。

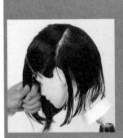 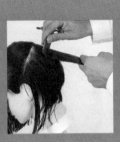   

96	97	98	99	100
和发片5平行，向上取发片6。	和前面发片一样，向右多取一些头发，和发片6融合在一起，使左右区过渡更自然。	先修剪过渡区。	参照发片5的过渡区来修剪。	沿头发自然生长的方向，将发片6拉出来修剪。

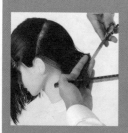

101
继续向左推进修剪。

102
90°切口修剪，保持切口整齐。

103
发片 6 修剪完毕。

104
和发片 6 平行，向上取发片 7。同样向右区多取一些头发。

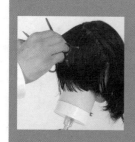

105
先修剪过渡区。

106
将过渡区的头发，沿自然生长的方向拉出来，90°切口修剪。

107
过渡区修剪完毕。

108
继续向左推进修剪。

109
向左推进修剪的过程。90°切口修剪，保持切口整齐。耳前区域头发拉向耳后位置修剪。

110
发片 7 修剪完毕。

111
向上取平行的发片 8，同样向右区多取一些头发，形成过渡区。

112	113	114
先修剪过渡区，从右向左修剪。	过渡区修剪完毕，向左推进修剪。	向左推进修剪的过程。

115	116	117	118	119
发片较宽，可以分成若干次来剪。	修剪发片的中间部分。	向左推进取发片修剪。	继续向左取发至发际线，拉向耳后位置，90°切口修剪。	切口修剪整齐。

120	121	122	123	124
整体上进行梳理。	拉向耳后，检查切口是否整齐。	修剪切口。	切口修剪整齐的状态。	向上取平行的发片9，并向右区多取一些头发，形成左右过渡区。

125

首先修剪过渡区。

126

将过渡区的头发平行于地面拉出，梳顺。

127

90°切口，从右向左修剪。

128

向左推进修剪。发片较宽，分两次剪完。

129

首先将发片剩下的部分梳顺。

130

沿头发生长方向将发片拉向耳后位置。

131

90°切口修剪。

132

初次修剪完毕。

133

继续梳理发片，检查切口是否整齐。

134

可以看出切口还有很多散发。

135

将散发剪掉，切口修剪整齐。

136

修剪时食指和中指要夹紧发片。

137

发片9修剪完毕，然后取下夹子，剩余的头发为发片10。

138	139	140	141	142
将发片10向下梳顺。	将发片沿头发自然生长的方向拉出来。	注意发片的提拉角度。	梳顺，用食指和中指夹紧，拉至耳后上方位置。	以发片9为导线，90°切口，从右向左剪。

143	144	145
梳理检查切口。	从右向左，一点点地将切口修剪整齐。	切口修剪整齐的状态。

146	147	148
检查刘海区左右头发是否对称。取刘海区左右对称的头发各一缕。拉到前面正中间，进行比较。	可以看出有不均衡的地方。	修剪整理到左右长短一致。

发型 A-1 湿发状态

发型 A-1 干发状态

发型 A-2

发重堆积位置较低的前缀式层次娃娃头

此发型的发重堆积位置和嘴巴位置持平，从发重堆积点向下颚下方形成比较舒缓的前缀式轮廓线，比起基本发型 A 更有厚度。发片斜度接近水平，主要以上下剪法为主，层次差比较平缓，注意从下往上剪时要更加细致。

发型分析

 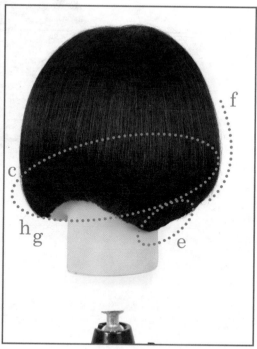

1. 从什么地方开始剪发

如上图所示：

（1）a 部侧发区发线清晰，有明显的锐角。

（2）b 部轮廓线也要注意有层次感。

此发型前长后短，从后脑区开始入剪，向前推进修剪出前缀式层次短发。

2. 如何划分发片

如上图所示：

（1）c 部与轮廓线相比，发重线（发重堆积连接而成）几乎是呈水平状向前推进。

（2）d 部发重堆积重点位置与嘴巴位置同高，位置较低。

（3）e 部脖颈处呈圆弧状，有厚重感。

发重线相对较低，首先选择在后脑区中心部位入剪。后脑区取接近横向的平行发片，进行堆积重量修剪，会突出厚重效果。两侧要取和发重线平行的前低后高的发片，做出平缓的前缀。

3. 发重的高低处理以及发区之间的衔接修剪

如上图所示：

（1）f 部尽管位置较低，但有很清晰的弧度。

（2）g 部前缀式发重线朝向下颚前方，比较平缓。

（3）h 部整个轮廓线比起基本发型 A 也更加平缓。

从后脑部中心部位靠下的位置开始向上剪起，做成一个相对厚一些的发重堆积点。然后向两侧推进修剪的时候，逐渐向下剪起，做出立体感。从脖颈处开始到耳后的轮廓线也要做出平缓的 R 形，后侧部重量堆积修剪比起基本发型 A 要稍微弱一些。两侧向前修剪时，向下剪起，外部线条剪出锐角。

各发区修剪分析

枕骨以下发区

从后脑凹陷处上方中间部位一点放射取纵向发片，剪一个相对厚重的重量堆积修剪，然以后部中心为基准，从下面取横向的发片，做出立体效果。

侧发区和刘海区

两侧发区取平行的横向发片，向下堆积重量修剪。因为是比较平缓的前缀式，因此后部中心要向上剪起，然后稍微衔接修剪，让轮廓线看起来更加自然。向上推进修剪至刘海区中线。

后脑区上部

取和轮廓线平行的发片进行修剪。需要注意的是，这是最外层的轮廓线，在进行衔接操作的时候要注意头发的长度。

发片分析图

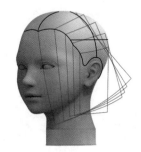 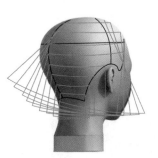

发片展开图

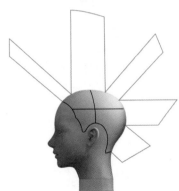 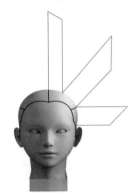

发型 A-2 具体修剪过程

   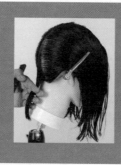 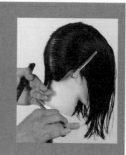

01	02	03	04	05
沿正中线将头发分成左右两部分。	右半区用卡子固定。从枕骨处贴中心线向右取纵向的三角形发片1。	将发片1向下梳理。	设定修剪长度。	发片1保持向下梳理的状态，按照设定好的长度，将多余头发剪掉。

06	07	08	09
然后将剪过的发片垂直于头皮拉出，用食指和中指夹紧。	梳理好。	从下向上90°切口修剪。	发片1修剪完毕。

10	11	12	13
右部发区贴后脑下方的发际线，向上取横向的发片2。	将发片2整体向下0°提拉，以发片1为导线，从右向左90°切口修剪。此时整理发片会发现，头部转角线右侧有三角形的角，然后再对这一部分90°去角修剪。	发片2修剪完毕。转角线左右的发线方向是有区别的。	继续向上取平行的发片3。

14	15	16	17	18
向下梳顺，以发片2为导线，90°切口修剪。	转角线右侧以发片2的右侧为导线，90°切口修剪。	向上取平行的发片4。	将发片4向下梳顺。	向下0°拉伸，用食指和中指夹紧。

19	20	21	22
继续向上取平行的发片5，向下梳顺。	向下0°提拉发片5，食指中指夹紧，以发片4为导线来修剪。注意转角线左右发线的角度。	继续向上取平行的发片6，向下梳顺。	发片6也0°提拉，90°切口修剪。发片较宽，从左向右分数次修剪。注意转角线左右发线的角度。

23	24	25	26
剪完向下梳顺。	继续向上取平行的发片7。	发片7向下0°提拉，以发片6为导线，90°切口修剪。	发片7较宽，可分成若干次，从左向右修剪。

27		28	29	30

继续向上取平行的发片 8，向下梳顺。 其余头发向上固定。 将发片 8 向下 0° 提拉。 发片较宽，分成若干次修剪，先从左边剪起。

31	32	33

发片左边部分剪完。 向右推进修剪。 发片右边部分修剪的过程。

34	35	36

发片 8 修剪完毕。 取完发片后，其余头发继续向上固定。 向上取平行的发片 9。

37	38	39	40
0°提拉发片9，用梳子梳顺。	发片较宽，分成若干次来剪。先剪左边。	发片左边部分的修剪应以发片8为导线，90°切口修剪。	向右推进修剪。

41	42	43	44	45
保持切口整齐。	继续向右推进修剪。耳前区域头发拉至耳上位置进行修剪。	向上继续取平行的发片10，其余头发用夹子夹在左边。	0°提拉发片10。	将发片10最左边的部分自然垂下。

   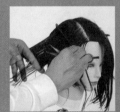 

46	47	48
以发片9为导线，修剪发片10的最左边。	90°切口向右推进修剪。	向右推进，结合最左边的长度来修剪。耳前区域的头发拉至耳上位置修剪。

49		50	51	52

继续向右推进修剪。

切口修剪整齐。发片 10 修剪完成。

将右区剩余头发梳理下来，为发片 11。

以发片 10 为导线，90° 切口修剪。

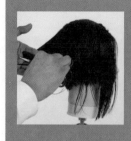    

53	54	55	56	

发片 11 分成若干次修剪。0° 提拉发片 11，先剪最左边。

90° 切口修剪。

发片左边修剪完成。

向右推进修剪，参照左边剪过的部分来剪。

57	58	59	60	61

继续向右推进修剪。耳前区域头发拉至耳上位置修剪。

梳理，检查切口。

修整切口。

头部的右半区修剪完毕。

开始修剪头部左半区。先分出和后脑区底部发际线平行的发片 2（前面步骤 2 起修剪的贴中心线的发片，仍为发片 1）。

62	63	64	65	66
将剩余头发用卡子固定。	发片2的修剪完成。同样注意转角线左右发线的走向不同。	根据中心线上发片1的长度，决定左边发片2的长度。对发片2进行0°提拉，90°切口修剪。	向上平行取发片3。	参照发片2，从右向左修剪发片3。0°提拉发片，90°切口修剪。

67	68	69	70
切口修剪整齐，并和右部头发保持对称。	发片4向下梳理，向下方拉出，食指和中指夹紧发片。	发片4也参照发片3，从右向左剪。	从右向左修剪过程中注意长度要和右半区对称。

71	72
继续向上取平行的发片4。	注意发片的方向，以及切口的修剪。

  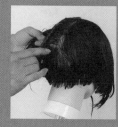  

73

发片 4 修剪完成。注意转角线左右发线的走向。

74

查看和右部是否对称。

75

继续向上分出平行的发片 5。

76

其余头发向上固定。

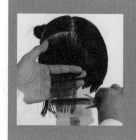    

77

将发片 5 向下梳顺。

78

发片向下拉出，食指和中指夹好发片，从右边开始向左修剪。

79

修剪时要注意和右部对称。

80

发片 5 修剪完成后的状态。

81

向上继续取平行的发片 6。

82

取发片 6 时，注意要和右部的对称发片相对照来取。

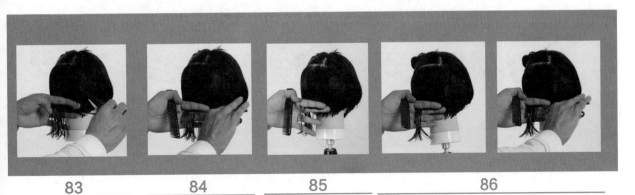

83	84	85	86
参照右部发片来修剪发片6。	发片较宽，可分成若干次来修剪。	从右向左剪，注意和右半区之间过渡要自然。	向左推进修剪。

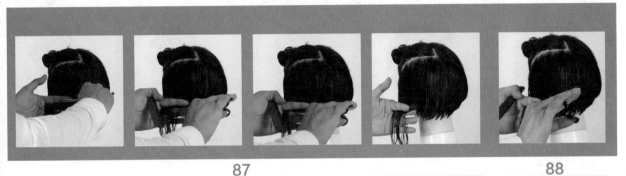

87	88
发片6右边部分修剪过程。注意头发要向下拉伸修剪。	开始修剪发片6左边剩余部分。

89

发片6左边部分修剪过程中要注意发片0°提拉，90°切口修剪。注意耳前区域的头发，要拉至耳上位置修剪。

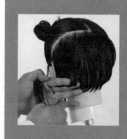   

90	91	92	93	94
切口修剪整齐。	发片6修剪完后的状态。	向上取平行的发片7。	将发片7梳顺。	从右向左修剪。

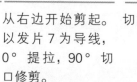

95	96	97	98	99
分成若干次修剪。	切口保持整齐。注意侧发区头发的长度。	向上取平行的发片8，向下梳顺。	从右边开始剪起。以发片7为导线，0°提拉，90°切口修剪。	切口修剪整齐。

100	101	102
从右向左分成若干次修剪，先修剪右边。右边修剪过程见图。	发片8耳后部分修剪完毕。	修剪发片8的左边部分。耳前区域头发拉至耳上位置修剪。

    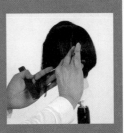

103	104	105	106
继续向上取平行的发片9，向下梳顺。	0°提拉发片。	90°切口修剪。从右边开始剪起。	向左推进修剪，食指和中指夹紧发片，以发片7为导线，90°切口修剪。

107	108	109	110	111
切口修剪整齐。发片9修剪完成。	将剩余头发取下，向下梳顺，为发片10。	0°提拉发片10，食指和中指夹紧。	90°切口修剪。从右边开始剪起，逐渐向左推进。	耳前区域头发拉至耳上位置修剪。

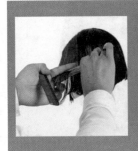  

112	113	114	115
继续修剪。	检查切口。	整体上将刘海部分梳向前面，查看两边头发是否对称。	如不对称，调整为对称形状。修剪完成。

发型 A-2 湿发状态

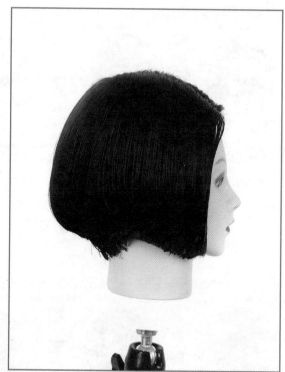

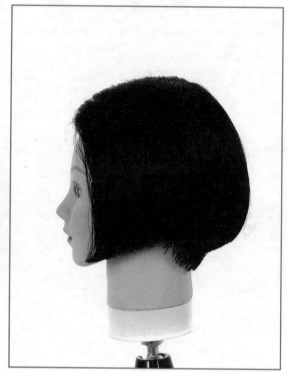

发型 A-2 干发状态

发型 A-3

后脑区呈立方体堆积发重，向前做出锐角的前缀发型

后脑区重点发量堆积处和鼻子下位置同高，从这里向下颚方向做出直线型的前缀式轮廓线。比起基本发型 A，此发型整体显得较方正。

发型分析

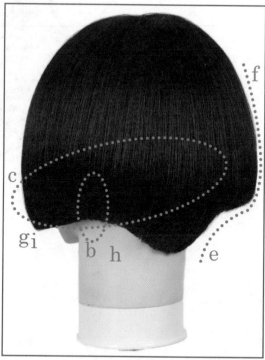

1. 从什么地方开始剪发

如上图所示：

（1）a 部整个轮廓线要和发重线连接做出层次差。

（2）b 部整个轮廓线成直线型。

此发型前长后短，从后脑区开始入剪，向前推进修剪出前缀式层次短发。

2. 如何划分发片

如上图所示：

（1）c 部轮廓线几乎是呈水平状向前，直线型前缀。

（2）d 部整体都为直线型，立体感觉，脖颈处有较轻快的感觉。

（3）e 部重量堆积重点位置和鼻子下方位置持平，较高。

为了做出正方体的厚重感和外部线条的角，从后脑区中心位置决定重点发重位置的高度，一点放射取纵向的发片，堆积重量修剪。然后后脑区取接近横向的平行发片，进行堆积重量修剪，这会突出厚重效果。向两侧推进的时候，两侧的第一剪取横向发片，然后以此为基准取斜向发片，与后面进行衔接修剪。

3. 发重的高低处理以及发区之间的衔接修剪

如上图所示：

（1）f部是立体的，发重堆积位置向下有凹陷。

（2）g部从鼻子下方向着下颚前面推进，形成有锐角的直线型轮廓线。

（3）h部耳后部的轮廓线形成一个立方体的角。

（4）i部层次向前自然衔接。

此发型整体印象呈立方体状，有锐角，要从后脑区中部向下剪起，做出比较强的厚重感；脖颈处要向上剪起，做出轻快的效果；侧发区则要逐渐减弱层次操作，然后在向下剪的过程中让层次衔接，使外部线条出现锐角的效果。

各发区修剪分析

枕骨以下区域

在后脑区中心，从中部到脖颈处一点放射取纵向发片，做基准修剪。

侧发区和刘海区

两侧的第一剪改成横向发片，做成直线型基准。然后取倾斜的发片，以两侧第一剪为基准，从后面的厚重点开始进行衔接操作，在两侧做成有锐角的轮廓线。向上推进修剪至刘海区中部。

后脑区上部

后脑区划分出前低后高的平行的斜向发片，中间剪成轻快的立体效果，然后慢慢地向两边做出有立体感的厚重效果。

发片分析图

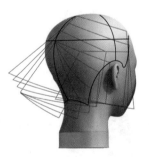

发片展开图

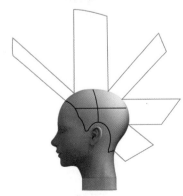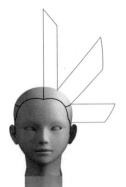

发型 A-3 具体修剪过程

01

沿中心线将头发分为左右对称的两部分。

02

将头模前倾约45°，然后从枕骨处向下取三角形发片，为发片1。

03

取好的发片1的后视图。

04

将发片1沿自然生长的方向拉伸，梳顺。

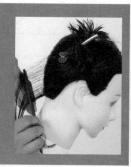

05

按照设定好的长度，90°切口从下向上剪。

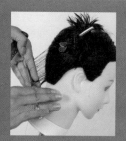

06

修剪整齐。发片1剪完。

07

向右一点放射取三角形发片2。

08

将发片2沿自然生长的方向拉伸，梳顺。

09

以发片1为导线，90°切口从下向上剪。发片2剪完。

10

继续向右一点放射取发片3。

11

将发片3沿自然生长的方向拉伸，梳顺。

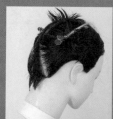

12

以发片2为导线，指尖向下，90°切口修剪。

13

发片3剪完后的状态。

14

继续向右一点放射取发片4，沿自然生长的方向拉伸，梳顺。

15	16	17	18	19
90°切口修剪。	向上修剪，直至将发片4剪完。	继续向右一点放射取发片5，向下梳顺。	从发片4开始，将发片0°提拉。	以发片4为导线，90°切口修剪。

20	21	22	23	24
向上取和发片5平行的发片6。	0°提拉发片6，以发片5为导线修剪。注意发片拉出时要始终和分界线垂直。	以发片5为导线，90°切口，从右向左剪。	继续向上取平行的发片7。	将发片7向下梳顺，0°提拉，以发片6为导线修剪。

25	26	27	28	29
跟随头型弧度的变化，始终保持90°切口从右向左剪。	继续向上取平行的发片8。	将发片8向下梳顺。	以发片7为导线，0°提拉发片，90°切口修剪。	从右向左推进修剪。

30		31	32
继续向左推进修剪的过程，以发片 7 为导线来剪。		继续向上取平行的发片 9。	将发片 9 向下梳顺。

33	34	35	36	37
发片 9 梳理后的后视图。	发片较宽，可以分成若干次来修剪。	0° 提拉发片。	90° 切口修剪。先剪发片左边部分。	向右推进修剪。

38	39	40	41	42
耳后部分剪完后的状态。	梳理发片 9 左边剪过的部分，检查切口。	继续向右推进修剪发片 9 右边部分。和前面的剪法一样。	向上推进取平行的发片 10。	发片 10 较宽，可分若干次来剪。和发片 9 的剪法一样，先剪左边。

43	44	45	46
0° 提拉发片，以发片 9 为导线修剪。剪法和发片 9 一样。	向右推进修剪，切口保持整齐。	发片 10 修剪完毕。	继续向上取平行的发片 11。

47	48	49	50	51
0° 提拉发片，以发片 10 为导线修剪。	从左向右推进修剪。	继续向右推进修剪。	切口修剪整齐。	继续向右推进修剪。

52	53	54	55	56
参照左边下面发片的发片，剪右边。	继续向右推进修剪。	一直推进修剪到发际线。	将头部右半区剩余的头发梳理下来，为发片 12。	将发片 12 分成若干次修剪，先剪左边。注意 0° 提拉发片。

57	58	59	60	61
90°切口修剪。	向右推进修剪。	继续向右推进修剪，推进至发际线。	整体上将发片 12 向下梳理，检查修剪切口。	发片 12 修剪完毕。

62	63	64	65
开始修剪头部左半区。贴着中心线，从枕骨处向下取三角形发片 1。	发片 1 沿自然生长的方向拉伸，梳顺。	切口和发片保持90°，从上至下修剪发片 1。	继续一点放射向左推进取发片 2。

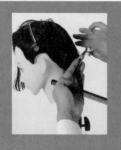

66	67	68	69	70
发片 2 沿自然生长的方向拉伸，梳顺。	以发片 1 为导线，从上向下 90°切口修剪。	发片 2 修剪完毕。	继续一点放射向左推进取发片 3，向下梳顺。	发片 3 沿自然生长的方向拉伸，以发片 2 为导线，90°切口修剪。

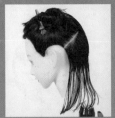

71	72	73	74	75
修剪完毕后，向下梳理，检查修剪切口。	继续一点放射向左推进取发片4，向下梳顺。	发片4沿头发自然生长方向拉伸出来，90°切口，从右向左修剪。	发片4修剪完毕后的后视图。	注意和头部右半区比较一下长短，要对称。

76	77	78	79
向上取和发片4平行的发片5，向下梳顺。	将其余头发固定起来。	以发片4为导线，从发片5开始，0°提拉发片，从右向左修剪。注意发片和发分界线保持垂直，90°切口修剪。	分成若干次修剪，长度要始终一致。90°切口修剪，切口保持整齐。

80	81	82	83	84
向上取和发片5平行的发片6。	将其余头发固定起来，将发片6向下梳顺。	发片6后视图。	以发片5为导线，夹紧发片0°，提拉90°切口，从右向左修剪。	修剪时食指和中指。修剪整齐。

85	86	87	88	89
继续向左推进修剪，将发片6修剪完毕。	继续向上取平行的发片7。	以发片6为导线，从右向左修剪。0°提拉发片，90°切口修剪。	可将头模稍稍右倾，方便修剪。	检查切口，切口要整齐。

90	91	92	93
继续向左推进修剪。	耳前区域的头发拉向耳朵位置，90°切口修剪。	切口修剪整齐。	发片7修剪完毕。

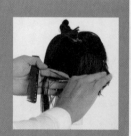

94	95	96	97
继续向上取平行的发片8，其余头发用夹子向上固定。	将发片8向下梳理。	0°提拉发片，以发片7为导线，从右向左90°切口修剪。	和发片7的剪法一样，继续向左推进修剪，直至将发片8修剪整齐。注意耳前区域的头发拉向耳朵位置，90°切口修剪。

98	99	100	101	102
向上取平行的发片9。将发片9向下梳顺。	以发片9为导线，从右向左剪。	注意0°提拉发片，90°切口修剪。	发片较宽，分成若干次修剪。	切口修剪整齐。

103	104	105
继续向左推进修剪。跟随头部弧度90°切口修剪。	继续向左取发片，食指和中指夹紧，0°提拉，90°切口修剪。	切口修剪整齐。

106	107	108	109
继续向左推进，耳前区域头发拉至耳朵位置修剪。	向左修剪。	检查切口。	发片9整体上进行梳理，检查切口并修剪。耳前区域头发拉至耳朵位置修剪。

110

向上取平行的发片 10。向下梳理。

111

以发片 9 为导线，0° 提拉发片，从右向左修剪。

112

边修剪边向左推进修剪。

113

继续向左推进，注意耳前区域头发拉至耳朵位置修剪。

114

继续把发片 10 修剪完毕。

115

向上取平行的发片 11。

116

将发片 11 梳顺。发片 11 大部分位于耳前区域，可稍稍向后拉至耳朵位置，90° 切口修剪。

117

90° 切口修剪。

118

从右向左推进修剪。

119

梳理，检查切口。

120

将夹子取下，剩余的头发为发片 12。

121	122	123	124
将发片 12 梳顺。	剪法和发片 11 一样，从右向左推进，90°切口修剪。	从右向左修剪。	开始修剪发片 12 的最左端。

125	126	127	128
以发片 11 为导线来剪。	向左推进到发际线。	0°提拉发片，90°切口修剪。边修剪边查看切口。	根据既定的长度，食指和中指夹紧发片修剪。

129	130	131	132	133
切口和发片保持 90°。	一直向左修剪。	检查切口。	将刘海向前方中间归拢，查看两侧长度是否一致、对称。	将两侧整理对称。

发型 A-3 湿发状态

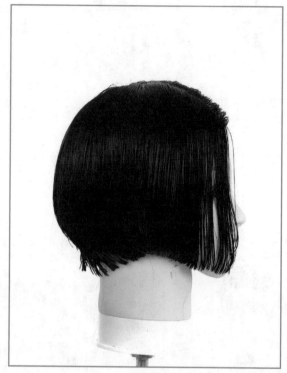

发型 A-3 干发状态

第四章 发型类别 B: 先确定轮廓线的层次娃娃头

发型 B

以齐发为基础形成比较平缓的前缀曲线，做出立体的发重堆积位置和前缀式轮廓线。从后向前层次差逐渐衔接，直到最后都要保持住轮廓线的齐发效果。最大的特征就是整个曲线没有任何凹陷，一直保持齐发效果。

发型 B-1

比起基本发型 B，此发型更加有长度，整体比较平缓。在操作过程中，这个发型最重要的就是保持轮廓线的厚度。关键在于向上剪的同时进行发线融合操作。

发型类别 B 是先将轮廓线剪成同一长度后，再做出层次差效果的娃娃头。从形状上来讲，其实就是前缀式层次娃娃头，但是从构造上来讲，比起堆积重量修剪，层次修剪的感觉更加明显，因此称为层次娃娃头。后脑区中心的第一个发片要从中部开始向下取到脖颈处，做出重点发量堆积部位的基准，然后在保持齐发轮廓线的同时，做出层次效果。

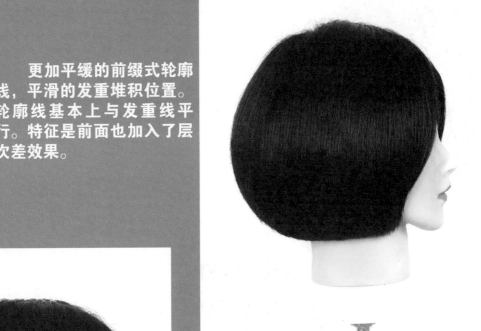

发型 B-3

更加平缓的前缀式轮廓线，平滑的发重堆积位置。轮廓线基本上与发重线平行。特征是前面也加入了层次差效果。

发型 B-2

轮廓线比较接近水平线的齐发。整体效果是弧形，重点发重堆积位置位置较低。轮廓线基本上和发重线保持平行，取接近横向的发片进行操作。

发型 B

齐发前缀式轮廓线
层次娃娃头

具有立体感的重点发重堆积点、齐发的轮廓线、前缀式轮廓线这三个特点组合成这种娃娃头发型。从后脑区形成层次，到前面进行融合，形成一个有厚度和弧度的效果。齐发的轮廓线，比起技术类型 A 的基本发型 A，更加有成熟女人的味道。

发型分析

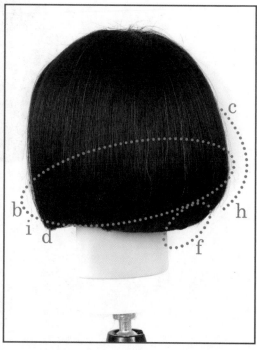

1. 从什么地方开始剪发

如上图所示：

（1）a 部直线型的前缀式轮廓线，齐发状态。

（2）b 部发重线基本上和轮廓线处于平行位置。

（3）c 部重点发重堆积部位有很清晰的立体感。

为了在后脑区做出很清晰的发重堆积点，要从后部中心开始入剪，从下部开始向上推进，这样更容易做出层次差。为了保持齐发效果，要先剪轮廓线，然后再从后部做出层次差，剪出层次娃娃头的效果。

2. 如何划分发片？

如上图所示：

（1）d 部轮廓线取后脑勺部的凹陷处，与下颚连接，前缀式。

（2）e 部整体为弧线形，有向内部深入的感觉，有厚度。

（3）f 部脖颈处要沿着骨骼形成立体感。

（4）g 部一直到前面位置都要保持轮廓线的齐发效果。

首先要决定所需要的轮廓线，剪成齐发效果。然后在此基础上做出层次差，从后脑区中心的中部位置到脖颈处取纵向发片，设定好厚度位置，然后以其为基准，取横向的平行发片，与轮廓线平行修剪。

3. 发重的高低处理以及发区之间的衔接修剪

如上图所示：

（1）h 部有一个立体的、清晰的发重堆积位置。

（2）i 部随着向前推进，层次逐渐融合。

（3）j 部保持齐发的轮廓线。

随着由后脑区中心向两侧的推进，逐渐采取向下剪的方式，使发重堆积位置有很清晰的立体效果。到最前面时剪子将到达最下方，层次完全融合在一起。脖颈处保持前缀处的齐发效果，做成锐角的印象。两侧基本上和发型 A 一样进行衔接操作，做成前缀曲线。

各发区修剪分析

枕骨以下发区

首先将全部头发下拉，拉直入剪，剪出前缀的轮廓线，然后从后脑区中心开始做出层次差。为了做出发重堆积位置的基准，从后脑区中心靠上位置一点放射取纵向发片，入剪。以此为基准，脖颈处朝向后侧部按照"八"字形状，做出立体感。

侧发区和刘海区

侧发区取与轮廓线平行的前缀处发片，以相同的方法入剪。前部最前面的发片要向下入剪，融合层次差。从耳朵上方取与需要完成的前缀式轮廓线平行的发片，向后部进行衔接操作，同时在前缀处做出层次差。向上推进修剪至刘海区中部。

后脑区上部

取横向的平行发片，和轮廓线保持平行修剪，和侧发区衔接修剪。

发片分析图

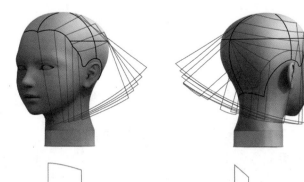

发片展开图

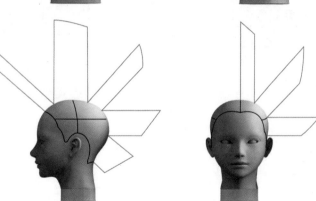

发型 B 具体修剪过程

 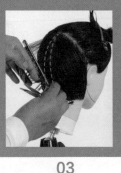  

01	02	03	04	05
在齐发的基础上，进行修剪。齐发正面图。	从耳上45°将头发分成上下两部分。	从分线和中心线的交点开始，贴中心线向右取纵向的发片1。	向下斜向45°拉出，按照设定的长度从下向上90°切口修剪。	向右继续一点放射取三角形的发片2，梳顺。

06		07	08	09
以发片1为导线，斜向45°拉伸出来，90°切口修剪。		继续向右一点放射取三角形的发片3，向下梳顺。	从发片3开始，发片0°提拉，以发片2为导线，90°切口修剪。	继续向右一点放射取发片4，0°提拉发片，以发片3为导线，90°切口修剪。

10	11	12		13
向上继续一点放射取发片5，向下梳顺。	发片较宽，可分成若干次修剪。先从左边剪，0°提拉发片，90°切口修剪。	继续向右推进修剪。		继续向右推进到发际，将头发梳顺。

14	15	16	17	18

0° 提拉发片，90° 切口修剪。

发片5修剪完毕。注意发线的走向。

向上一点放射取发片6。

其余头发继续向上固定。

发片6的剪法和发片5一样，从左边开始，0° 提拉发片，90° 切口修剪。

   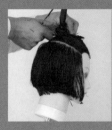 

19	20	21

从左向右推进修剪。

梳理发片6，整理切口。

继续向上取平行的发片7，厚度约为2厘米，其余头发向上固定。

22	23	24

发片7较厚，从发片7的左上角，将发片7一点放射分成三部分：A区、B区、C区。先修剪A区。0° 提拉发片，90° 切口修剪。

开始修剪发片7的B区，从左向右剪。

B区的修剪也一样，0° 提拉发片，以发片6为导线，90° 切口修剪。修剪整齐。

25	26	27	28
开始剪发片 7 的 C 区，从左向右修剪。	剪后向下梳理，查看是否修剪整齐。	发片 7 修剪完毕。	继续向上取平行的发片 8。发片 8 也从左上角一点放射分为两部分：A 区和 B 区。

29	30
先剪 A 区。0° 提拉发片，以发片 7 为导线，90° 切口修剪。从左向右分成若干次修剪。	然后修剪发片 8 的 B 区，0° 提拉发片，以发片 7 为导线，90° 切口修剪。

31	32	33
B 区继续向右推进修剪。	向右继续推进修剪的过程。	将头部右半区全部头发取下，为发片 9。发片 9 从左边剪起，0° 提拉发片，90° 切口修剪。

34
发片 10 继续向右推进修剪。0° 提拉发片，90° 切口修剪。

35
开始修剪头部左半区。和右半区一样，从耳上斜45°将左半区分为上下两部分。

36
从分线和中心线的交点开始，贴中心线向左取纵向的发片 1。

37
将发片 1 梳顺。

38
向下斜45°拉出，按照设定的长度从上向下剪（和右区发片 1 的长度一样）。

39
梳理并检查切口。

40
将切口剪整齐。发片 1 修剪完毕。

41
继续向左一点放射取三角形的发片 2，以发片 1 为导线修剪。

42
检查切口。

43
发片 2 修剪完毕。

44
继续向左一点放射取发片 3，斜向45°拉伸出来，以发片 2 为导线来剪。

45
剪切线和分界线平行。

46
修剪切口，发片 3 修剪完毕。

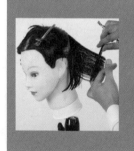    

47
继续向左一点放射取发片 4，以发片 3 为导线，斜向 45° 拉出来修剪。

48
向上一点放射取发片 5。

49
发片较宽，可分成若干次修剪。先从右边剪，将发片斜向 45° 拉出，切口和发片保持 90°。

50
继续向左推进修剪，发片斜向 45° 拉出修剪。

51
检查切口并修剪切口。发片 5 修剪完毕。

52
继续向上取平行的发片 6。

53
由于发片 6 较厚，从发片 6 的右上角一点放射地将发片 6 分成三个区：A 区、B 区和 C 区。先修剪 A 区。

54
发片 6 的 A 区，从右边开始修剪。0° 提拉发片，90° 切口修剪。

55
发片下拉，检查并修剪切口。

56

开始修剪 B 区。

57

B 区和 A 区一起拉出，0° 提拉发片，90° 切口修剪。以发片 5 为导线，从右向左推进修剪。

58

开始修剪 C 区。C 区结合 A 区、B 区，0° 提拉发片，90° 切口修剪。以发片 5 为导线，从右向左修剪。

59

继续向左推进修剪，直至将发片 6 修剪完毕。注意要整体向下梳理，检查切口。

60

继续向上分出平行的发片 7。

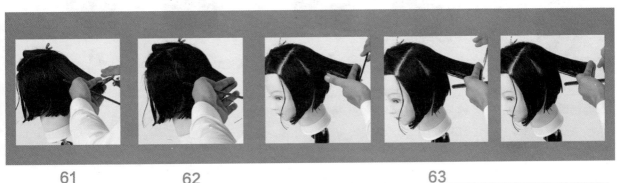

61

发片 7 分成若干次修剪，先从右边开始。

62

切口修剪整齐。

63

梳子梳顺，检查并修剪切口。

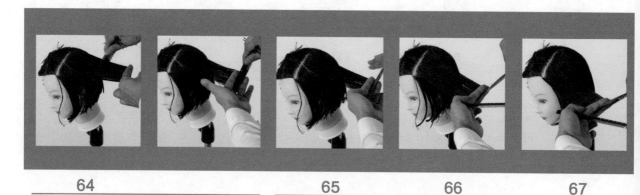

64		65	66	67

向左推进修剪。先用梳子将发片梳顺。　　修剪时保持切口整齐。　　继续向左推进修剪。　　一直推进到最左边。

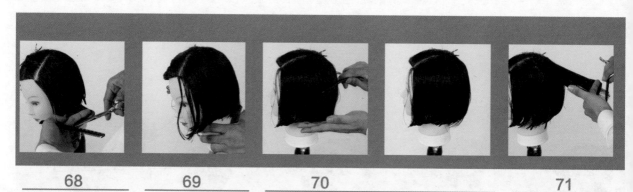

68	69	70	71

修剪切口。直至将发片 7 修剪完毕。　　继续向上划分平行的发片 8。　　先将发片 8 向下梳顺。　　从右向左，0°提拉发片，90°切口修剪。

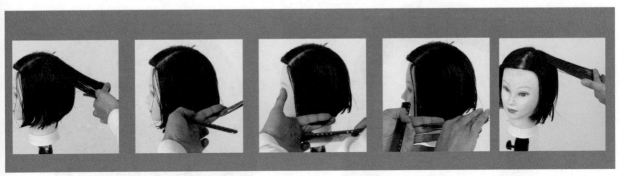

72	73	74	75	76
检查并修剪切口。	继续向左推进修剪。	检查切口。	将切口修剪整齐。像这样一直将发片8修剪完毕。	将头部右边发区剩余头发全部取下，为发片9。

77	78	79	80
0° 提拉发片，90°切口修剪。	向左推进修剪，剪法一样。	继续向左推进修剪。	对切口进行检查，修剪整齐。

发型 B 湿发状态

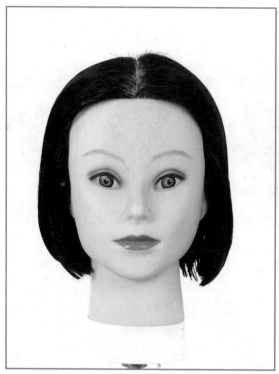

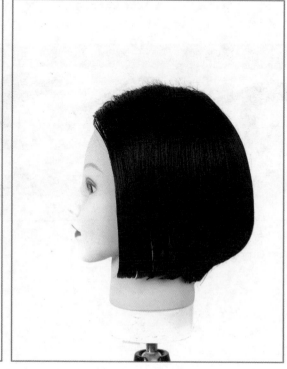

发型 B 干发状态

发型 B-1

没有厚度的齐发层次娃娃头

此款发型的长度正好到达肩部，轮廓线基本上呈水平状。它的典型特征是几乎感觉不到发重堆积位置的存在，比较平坦的感觉，是这一组发型当中最接近层次修剪的娃娃头。为了达到这种效果，应取接近纵向的斜向发片修剪，同时要保持齐发的厚度。

打开手机，扫一扫二维码，
即可观看高清剪发视频。

发型分析

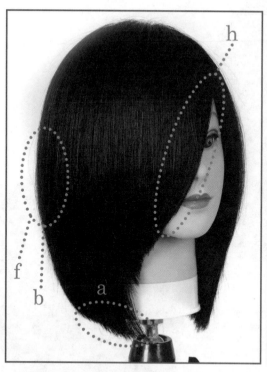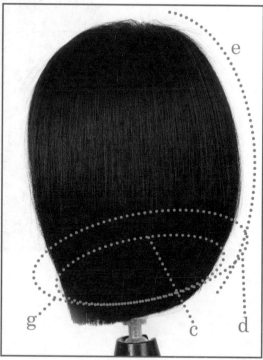

1. 从什么地方开始剪发

如上图所示：

（1）a 部轮廓线大概到肩部，前缀式齐发。

（2）b 部修长、平缓的印象。发重堆积位置几乎感觉不到。

（3）c 部轮廓线中有平行的层次差，因此轮廓线也几乎感觉不到。

因为要保持齐发的前缀式，确定了轮廓线后，做成有层次差的齐发娃娃头。

2. 如何划分发片

如上图所示：

（1）d 部轮廓线和发重线几乎平行的前缀式。需在比较大的范围内做成层次差。

（2）e 部几乎感觉不到发重堆积位置的存在。

整个发型有修长、平坦的印象，整体在比较大的范围内有层次差的存在。剪出轮廓线后，在中部偏上位置取接近纵向的斜向发片，在大范围内做出层次差。

3. 发重的高低处理以及发区之间的衔接修剪

如上图所示:

(1) f 部发重堆积位置在后脑区凹陷部下方,但是几乎感觉不到它的存在。

(2) g 部轮廓线和发重线平行,但不是很清晰。

(3) h 部脸部周围的头发也能够清晰地感觉到层次差的存在。

要想使轮廓线的存在不被感觉到,需要很好地控制住向上剪时的发片。要想保证层次差和轮廓线更好地保持平衡,就需要操作后脑区到头顶部为止的堆积重量操作。脸部周围的层次差,需要从太阳穴位置开始,发片要和头皮保持 90° 提拉修剪,刘海要尽量向前拉伸,露出发梢的形状。

各发区修剪分析

后脑区

首先进行前缀的轮廓修剪,然后在后脑区中间斜向的发片,垂直于头皮拉伸出上短下长的角度,入剪。以此为基准,后脑区全体取接近纵向的斜向发片,向上提拉入剪,在大范围内做出层次差。

侧发区和刘海区

取斜向的发片,刘海位置向右前方水平拉伸,90° 切口修剪;然后向后推进取斜向发片, 向后上方拉伸,向上入剪,在脸部周围做出层次差。

发片分析图

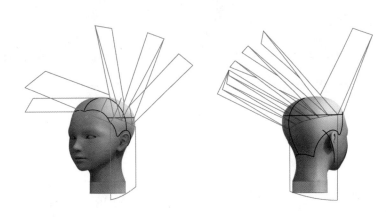

发片展开图

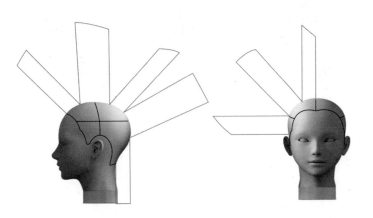

发型 B-1 具体修剪过程

01

贴右侧刘海发际线取发片 1，向前上方拉起。

02

按照设定的长度，进行 90° 切口修剪。

03

检查发片 1 切口。

04

将切口修剪整齐。

05

接着向上取平行的发片 2。

06

向前面侧上方提拉发片。

07

以发片 1 为导线，90° 切口修剪。

08

若一次剪不完，可以分若干次修剪。

09

继续向后推进取发片 3。

10

向前面侧上方提拉发片。

11

以发片 2 为导线，90° 切口修剪。

12

然后将剪过的发片 1、2、3 一起向左前方提拉。注意扭转发片方向，使切口呈上下垂直方向。

13

切口修剪整齐。

14

再次梳理检查切口，将切口修剪整齐。

15
向右推进梳取发片，将U型区头发统一向上梳理。

16
向左前方提拉。注意扭转发片方向，以剪过的发片为导线，90°切口修剪。

17
将切口修剪整齐。

18
继续向右推进梳取发片。

19
向左前方提拉。注意扭转发片方向，以剪过的发片为导线，90°切口修剪，直至将发片剪完。

   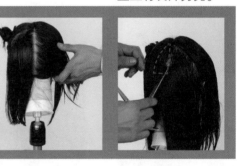

20
然后从右侧额角退化点开始分出刘海三角区。

21
剩余的右侧区头发向下梳顺。

22
然后，后脑区头发沿中心线分成左右两部分。

23
然后合并两侧头发，后脑区从中心线上取纵向的三角形发片1。

24
垂直于头皮提拉发片1。

25
按照设定的长度，90°切口修剪。

26
梳理并检查切口。

27
整理切口。

28
然后再从中心线将后脑区头发分为左右两部分。

29	30	31
贴中心线向左取三角形发片，为发片 2（由于发片 1 被分为了左右两部分，所以发片 2 也涵盖了发片 1 的左半部）。90° 提拉发片。	以发片 1 为导线，90° 切口修剪。	将剪过的发片 2 头发向下梳理。

32	33	34	35	36
继续向左推进取和分界线平行的发片 3，垂直于头皮向上提拉。	剪完向下梳顺。	以剪过的发片为导线，90° 切口修剪。	继续向前取平行的发片 4。	向上垂直于头皮提拉发片。

37	38	39	40	41
90° 切口修剪。	继续向前取平行的发片 5。	发片向后提拉，以发片 4 为导线，90° 切口修剪，直至将此发片剪完。	继续向前取发片 6，向后提拉，以发片 5 为导线，90° 切口修剪。	继续向前推进取发片 7，一直取到发际线，向后提拉，以发片 6 为导线，90° 切口修剪。

42	43	44	45
剩余头发为刘海部分，将刘海整体向上方提拉。	按照设定的长度，90°切口修剪。	向刘海左边延伸取发，连同刘海部分的头发一起上提。	注意扭转发片方向，使切口呈上下垂直方向，以刘海部分的发片为导线，90°切口修剪。

46	47	48	49
切口修剪整齐。	继续向左延伸取发，连同刘海部分的头发一起上提。	扭转发片方向，以刘海部分的发片为导线，90°切口修剪。	继续向左延伸取发，连同刘海部分的头发一起上提。

50	51	52
扭转发片，以刘海部分的发片为导线，90°切口修剪。	然后再继续向左延伸取发，和刘海处发片一起向上提拉，以刘海处发片为导线，90°切口修剪。	继续向左延伸取发片，取至耳上位置，和刘海处发片一起向上提拉，扭转发片，以刘海处发片为导线，90°切口修剪。

发型 B-1 湿发状态

发型 B-1 干发状态

发型 B-2

水平齐发层次娃娃头

轮廓线保持水平的一款娃娃头。在保持锐角的轮廓线的同时，朝向前面的位置也保持层次，做成平行的层次差。弧形轮廓和厚重感是它的整体印象，发重线也是圆滑的。脸部周围稍微做出一些层次差。

打开手机，扫一扫二维码，即可观看高清剪发视频。

发型分析

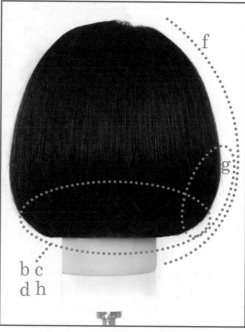

1. 从什么地方开始剪发

如上图所示：

（1）a 部轮廓线到下颚长度，水平状齐发。

（2）b 部轮廓线与发重线平行。

（3）c 部轮廓线没有段差，是直线型的。

脸部周围也做出层次差，保持齐发状态，确定了轮廓线后，做成有层次差的娃娃头。

2. 如何划分发片

如上图所示：

（1）d 部轮廓线是与发重线平行的水平线。

（2）e 部发重堆积位置在后脑区凹陷处下方的较低位置。

（3）f 部整体印象是有厚重感，呈弧形。

水平的轮廓线，有厚重感和弧形印象。发重堆积位置较低，刚开始需要从后部中心取纵向发片做出基准修剪。

3. 发重的高低处理以及发区之间的衔接修剪

如上图所示:

(1) g 部发重堆积位置呈较平缓的弧形。

(2) h 部发重线与轮廓线几乎平行。前面继续保持层次。

(3) i 部脸部周围的头发也有层次差的存在。

后脑区向上剪出弧形,做出较圆滑的发重堆积。但是因为轮廓线有平行的层次差,因此不需要堆积重量操作。向上剪横向发片。

各发区修剪分析

后脑区

先将头发整体轮廓剪完,轮廓为到下颚左右长度的水平状齐发。然后在后脑区中部向上取第一个纵向发片,斜向 45° 拉出,90° 切口修剪,然后以此发片为发重堆积的基准。接下来,从下部发际线开始取横向发片,下拉修剪,以此做成长度基准。然后逐渐向上推进取横向发片,做出后部的整体印象。

侧发区和刘海区

侧发区的下部要在后脑区中部的延长线上推进修剪,上部刘海区容易出现厚重感,因此要上拉修剪。

发片分析图

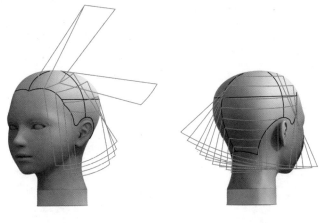

发片展开图

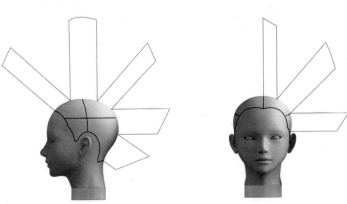

发型 B-2 具体修剪过程

01
沿中心线将头发分成左右两部分。

02
中心线上从黄金点向下取宽度为2厘米左右的纵向发片1。

03
发片1向下斜45°拉出，按照设定的长度，90°切口修剪。

04
发片较宽，可分成若干次来剪。

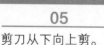

05
剪刀从下向上剪。

06
然后在枕骨处将右半部分的头发分为上下两部分。

07
枕骨以上的头发用卡子向上固定。

08
枕骨以下的头发用梳子向下梳顺，为发片2。

09
将发片2向下拉，以发片1为导线修剪。

10
从耳上位置取和发片2平行的发片3。

11
其余头发向上固定。

12
从发片3的左上角和右下角，将发片3分为两个三角形：A区和B区。

13
先剪A区，以发片2为导线来剪。

14
90°切口修剪，切口修剪整齐。

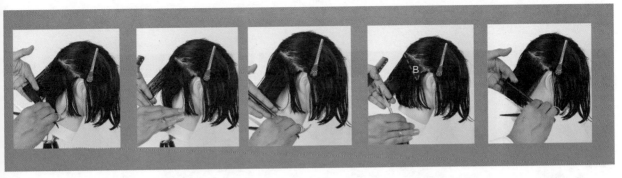

<table>
<tr><td>15</td><td>16</td><td>17</td><td>18</td></tr>
</table>

15	16	17	18
梳理剪过的发片。	整理切口。	然后剪 B 区，从左向右推进，0°提拉发片，90°切口修剪。	整体梳理发片。

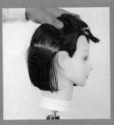

19	20	21	22	23
将发片下拉，以发片 2 为导线再一次进行修剪。	发片 3 修剪完毕。	然后将头模扶正，发片 3 向下梳理。	重新以发片 2 为导线，整理切口。	向上取和发片 3 平行的发片 4，取至前额退化点水平位置。

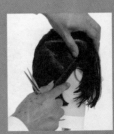

24	25	26	27
将发片 4 分为三部分：A 区、B 区和 C 区。	先剪 A 区，将这一部分头发梳顺。	0°提拉发片，以发片 3 为导线来剪。	从耳上分出发片 4 的 B 区。

28

开始剪 B 区。B 区头发 0° 提拉，切口和发片保持 90°，以发片 3 为导线剪。

29

向下拉伸，修剪切口。

30

开始剪剩余的 C 区。将发片梳顺，自然下垂。

31

C 区头发 0° 提拉，从左到右修剪。

32

将发片下拉，以发片 3 为导线，将切口修剪整齐。

33

发片 4 修剪完毕的状态。

34

从耳上向上取平行的发片 5，并将发片 5 分为三部分：A 区、B 区和 C 区。

35

先剪发片 5 的 A 区，沿头发自然生长方向拉出，以发片 4 为导线来剪。

36

剪发片 5 的 B 区，0° 提拉发片，以发片 4 为导线来剪。

37	38	39	40
切口修剪整齐。	开始剪发片5剩余的C区，0°提拉发片，从左到右修剪。	将整个发片5修剪完毕。	继续向上取平行的发片6。

41	42	43
将发片6分成前后两部分，将后面的发片向上拉起，按照设定的长度修剪。	然后将整个发片6提起。	参照后半部分，逐渐向后推进修剪，前面剪过的头发自然垂落下来。

44	45
一直向后推进修剪。	发片6向后推进修剪完毕。

44

将发片6向后方延伸，多取一些头发和发片6一起提拉起来，可以看到转角处的发尖，将发尖剪掉，切口剪齐。

47

向下方发片5中取一些头发和发片6一起提拉起来，参照发片5修剪整理。

48

开始剪头部左半区的头发。从枕骨处将左半区的头发分为上下两部分，枕骨以下的头发为发片2。

49

将发片2向下梳理，按照设定的长度进行修剪。注意要和右半区发片2的长度相等。

50

左半区的发片2修剪完毕。

51

从耳上位置取和发片2平行的发片3。

52

其余头发向上固定。

53

和头部右半区的发片3一样，将发片3一点放射分成A、B、C三个发区。先剪A区。

54

A区发片斜向45°拉出，以发片2为导线，从右向左修剪。

55

90°切口修剪。

56

向左推进剪B区。

57

B区斜向45°拉出，以发片2为导线，从右向左修剪。

58	59	60

58 然后修剪C区的头发。C区头发向下拉伸，以发片2为导线修剪。

59 剪完后，将C区头发下拉，检查切口。发片3修剪完毕。

60 继续向上从额角退化点处分出平行的发片4，和头部右半区的发片4一样，同样将发片4一点放射分成A、B、C三个发区。先剪A区。

61	62	63

61 A区头发0°提拉发片，从上往下90°切口修剪。

62 以发片3为导线，从右向左推进修剪。

63 分出B区，用梳子梳顺。

64	65	66	67

64 0°提拉发片，从右向左修剪。

65 然后修剪C区。将C区头发梳顺。

66 0°提拉发片，从右向左修剪。

67 向左推进修剪。

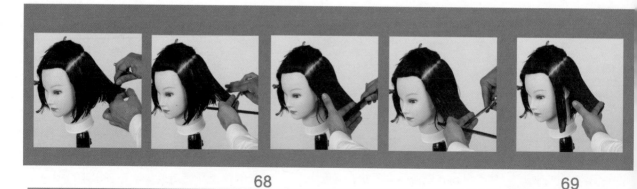

68

以俯视的视角看 C 区从右向左修剪的过程。

69

整体向下拉伸，检查切口，将切口修剪整齐。

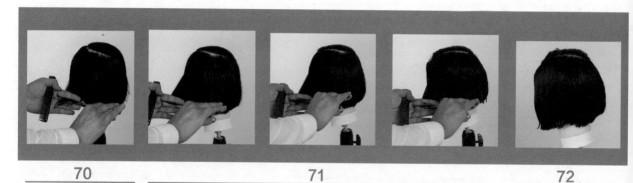

70

向上取平行的发片5，0°提拉发片，从右向左修剪。

71

以发片4为导线，从右向左修剪的过程。

72

发片5修剪完毕。

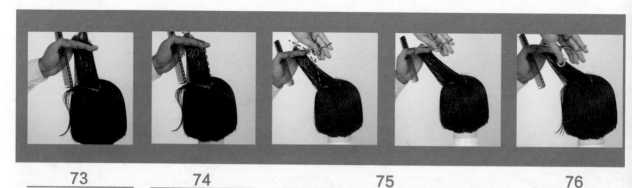

73

继续向上取平行的发片6。

74

把发片6向上提起，结合其他发片的长度，120°切口修剪。

75

向下结合发片5的一部分，将发片向前拉伸，120°去角修剪。

76

从后向前推进修剪，直至将发片6剪完。

77
继续向右推进取平行的发片7。将发片7的头发垂直于头皮提拉起来。

78
结合其他发片的长度，120°切口修剪。

79
向下结合发片6的一部分，将发片向前拉伸，120°去角修剪。

80
发片7剪完后的样子。

81
继续向右推进取平行的发片8，沿头发自然生长方向提拉发片。

82
120°切口修剪。

83
切口修剪完整。

84
结合发片7向前方拉伸，120°去角修剪。

85
继续向右推进取发片9，取至中心线。

86
沿头发自然生长方向提拉发片。

87
120°切口修剪。

88
结合发片8向前方拉伸，120°去角修剪。

89
切口修剪完整。

发型 B-2 湿发状态

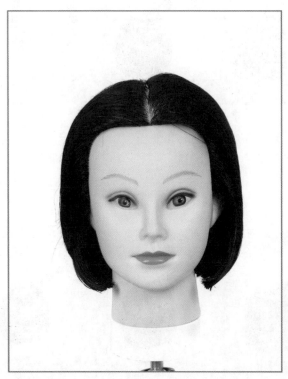
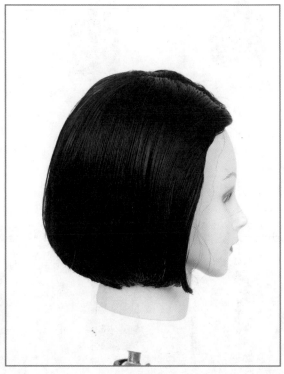

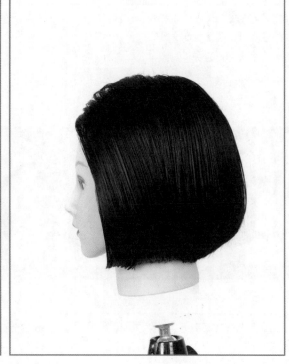

发型 B-2 干发状态

发型 B-3

有厚重感的前缀式齐发层次娃娃头

此发型为鬓角处比较平缓的前缀式齐发娃娃头。轮廓线和发重线平行，向前一直保持水平状态。脸部周围做成前短的层次差，与两侧的轮廓线相连接。发重堆积位置比起基本发型更加平缓，不能清晰地看到。

发型分析

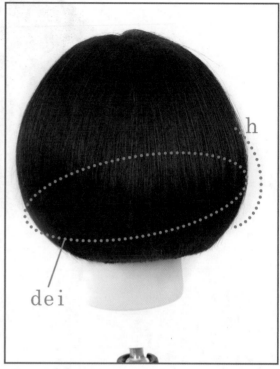

1. 从什么地方开始剪发

如上图所示：

（1）a 部轮廓线是从后脑两侧发根部向着前方剪成比较平缓的前缀式前长后短的齐发。

（2）b 部轮廓线没有层次差。

（3）c 部前面也加入层次。

（4）d 部轮廓线和发重线基本平行，连接到前部。

此发型是前短后长和前长后短的混合型，但是因为轮廓线会从后到前贯穿整个齐发，因此被认为具有层次感娃娃头的效果。

2. 如何划分发片？

如上图所示：

（1）e 部轮廓线是与发重线基本平行的前长后短的前缀式。

（2）f 部发重堆积重点在后脑区凹陷处。

（3）g 部整体印象有厚重感，呈弧形。

因为是前缀式前长后短的轮廓线，因此在剪完整个轮廓线后，从后部的中间位置做基准，然后沿着基准划分斜向发片修剪。因为轮廓线不是十分明显，因此从后侧向前方进行操作时需要取有斜度的纵向发片。

3. 发重的高低处理以及发区之间的衔接修剪

如上图所示:

(1) h 部发重堆积位置是很平滑的弧形。入剪力度比基本发型 B 要弱。

(2) i 部轮廓线与发重线基本平行。

(3) j 部脸部周围的头发也有层次差的存在。

从后脑区平缓的弧形发重堆积位置,到前缀式前长后短的轮廓线,都要边进行发量堆积操作,边采取向上剪的方式修剪。要注意在太阳穴的位置,发片要和头皮呈 90° 修剪,前侧要进行衔接操作的同时向上剪,形成前缀式前短后长的层次差。

各发区修剪分析

枕骨以下区域

首先从后侧两鬓角向前将整个发型剪成平缓的前缀式前长后短的齐发后,在后脑区中部取第一个纵向发片,作为堆积重量修剪的基准,然后呈一点放射取发片进行堆积重量修剪。然后逐渐向纵向发片移动,向上剪和进行 OD 操作。

后脑区上部

取平行的斜向发片,90° 提拉发片,90° 切口向上推进修剪。

侧发区和刘海区

侧发区在后脑区中部延长线上推进到太阳穴位置修剪。在太阳穴附近,90° 提拉发片修剪,然后到刘海部分,向前衔接操作的同时向上剪。

发片分析图

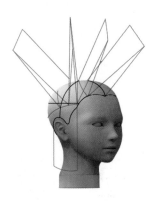
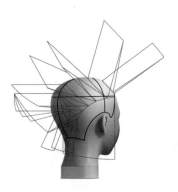

发片展开图

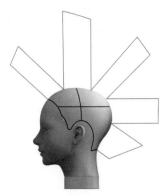

发型 B-3 具体修剪过程

01	02	03	04	05
沿中心线将头发分成左右两部分。上图为分区后的正视图。	从耳上开始，向上斜45°将右边发区上下分开。上面的头发用夹子固定。	从分界线和中心线的交点，一点放射向下取发片1。	发片1按头发自然生长方向拉出，按照设定的长度，90°切口修剪。	梳理头发，检查切口。

06	07	08	09	10
将切口修剪整齐。	发片1修剪完毕。	继续向右一点放射取发片2，沿头发自然生长方向拉出，以发片1为导线，90°切口修剪。	梳理并修剪切口。发片2修剪完毕。	继续向右一点放射取发片3。沿头发自然生长方向拉出，以发片2为导线，90°切口修剪。

11	12	13	14
发片4沿头发自然生长的方向拉出，以发片3为导线。切口和发片保持90°。	继续向右一点放射取发片5。以发片4为导线，90°切口修剪。	从右向左修剪，切口修剪整齐。	再整体上将剪过的头发斜向45°拉出，从左向右整体上修剪切口。

15	16	17
从左向右修剪切口。	将头模向上扶正些，继续从耳上开始，向左上方一点放射取发片6。	将发片6的左下区的头发水平拉出，以发片5为导线修剪。

18	19	20
然后降低角度，按头发自然生长的方向拉出，修剪切口。	向下推进修剪。继续放低发片角度，90°切口修剪。	继续向下推进修剪。沿头发生长方向拉出发片，修剪切口。

21	22	23	24	25
剪发片6剩余的部分，从左上方剪起。	将发片向上拉起，以发片6剪过的发束为导线修剪。	切口修剪整齐。	向右推进取发，向上拉出修剪。	继续向右下方推进取发，向上拉出修剪。

26

继续向右下方推进取发，向上拉出修剪。

27

继续向上一点放射取发片 7。

28

将发片 7 的左下区的头发向上垂直于头皮拉出，以发片 5 为导线修剪。

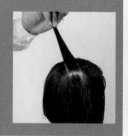

29

从右向左剪，剪过的头发自然垂落下来。

30

向右下方推进取发，向上拉出修剪。

31

从右向左剪，剪过的头发自然垂落下来。

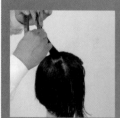

32

直至将此发片剪完。

33

继续向右下方推进取发，向上拉出修剪。

34

从右向左剪，剪过的头发自然垂落下来。

35

直至将发片 7 修剪完。

36

继续向右下方推进取发，向上拉出修剪。

37	38	39	40
从右向左剪，剪过的头发自然垂落下来。	向前继续一点放射取发片8。	将发片8向脸部前上方拉起，从右向左修剪。剪过的头发自然落下。	剩余的刘海处头发取为发片9。将发片9向前方拉出，从右向左，90°切口修剪。

41	42	43	44	45
切口和发片保持90°，切口修剪整齐。	然后开始对头部右半区的头发进行检查修剪。从前向后进行。	划分纵向的发片，向脸部侧前方梳理检查切口。	逐渐向后脑区推进，取纵向的发片检查。	检查至耳朵后方时，将检查过的头发固定到耳朵前面。

46	47	48	49
耳朵后面的头发检查时，将发片平行于地面拉出，检查切口。	头部右半区修剪完毕，开始修剪左半区。从耳上开始，向右上方45°将左半区头发分成上下两部分。	从右边开始，取纵向的发片1，按头发自然生长方向提拉发片。	从上向下剪，切口和发片保持90°，修剪整齐。

50	51	52	53	54
发片 1 继续向下延伸修剪。	切口修剪整齐。	向左一点放射取发片 2，沿头发自然生长方向提拉发片。	以发片 1 为导线，从上向下 90° 切口修剪。修剪整齐。	继续向下剪。

55	56	57	58	59
继续向左一点放射取发片 3。以发片 2 为导线，从上向下剪。	继续向左一点放射取发片 4。	沿头发自然生长的方向拉伸出来，以发片 3 为导线，从上向下剪。	继续向左一点放射取发片 5。	沿头发自然生长的方向拉伸出来，以发片 4 为导线，从上向下 90° 切口修剪。

60	61	62	63	
进行梳理，将切口修剪整齐。	剩余头发为发片 6，从右向左修剪。	沿头发自然生长方向拉出发片，以发片 5 为导线进行修剪。	从右向左修剪，直至将发片 6 全部剪完。注意发片按照自然生长方向拉伸，90° 切口修剪。切口修剪整齐。	

64
向前继续一点放射取发片7，平行于地面拉出。

65
以发片6为导线修剪。

66
90°切口修剪。切口修剪整齐。

67
发片7从上向下推进修剪，注意要逐渐减少发片角度。

68
继续向左一点放射拉发片8，水平提拉发片，直至将发片8剪完。

69
从上向下推进修剪。注意从上向下修剪的过程中，发片角度逐渐减少。

70
继续一点放射向前取发片9。发片9大部分位于顶发区，先剪发片9后面部分。向上提拉发片。

71
90°切口修剪。将切口修剪整齐。

72
发片9从后向前剪。发片提拉角度减少。90°切口修剪。

73
继续一点放射向前取发片10。垂直于头皮提拉发片，90°切口修剪。

74
继续一点放射向前取发片11。垂直于头皮提拉发片，90°切口修剪。

75
剩下的刘海部分向前水平拉出修剪。

76
切口修剪整齐。

77
再拉向前下方，检查修剪切口。

发型 B-3 湿发状态

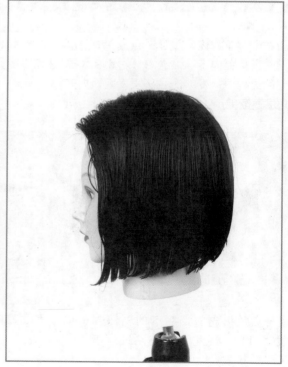

发型 B-3 干发状态

第五章 发型类别 C 从前向后修剪的混合曲线娃娃头

发型 C

从后部开始的轮廓线是由长变短的，发重线则由短变长；刘海则是向后部下垂。混合曲线和前侧面的角是这款发型的特征，要注意整体造型和轮廓线的操作过程中的顺序。从后面剪出整体造型后，再由前面入剪向后剪起，可以使操作更加流畅。

发型 C-1

轮廓线比较平缓，从后向前由长变短，而后部的发重线则是前长后短。比起前面的发型 A，后脑区发重堆积重点部位更加圆滑。

发型类别 C 是先从后面做出整体造型后，再从前向后剪发的一组造型。后部的技术和前面的发型 A 基本相同，按照从前向后的剪发方法，可以使前面两侧的曲线混合，或者是做出角度，都比较容易，从而增加了刘海和脸部线条的多样化。这是在美发沙龙中被应用最多的一组发型。

发型 C-3

后脑区到耳朵后方，从后向前轮廓线由长变短，从耳朵上方到前侧部是圆形，整个后部是沿着发际线呈现出圆形，这三种曲线混合在一起组成这款短发。

发型 C-2

从后脑区到前侧发区为止轮廓线由长变短，脸部周围的曲线从下向上也是由长变短，从而在前侧部形成了一个角。轮廓线呈圆弧状。

发型 C

两种轮廓线相混合的曲线娃娃头

后部由短变长、前部向后下垂的两种曲线的组合，使得此发型在前侧部形成角。此方向和前面的发型 A 非常相似，如果想要做出不同曲线混合的效果，则需要从前向后剪、从后向前剪两种入剪方法。

发型分析

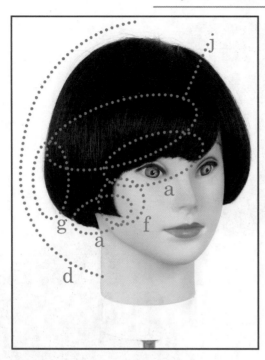 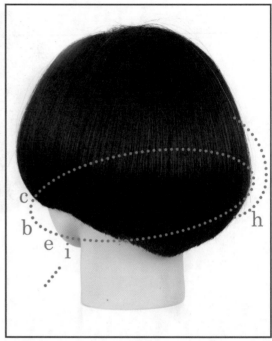

1. 从什么地方开始剪发

如上图所示：

（1）a 部轮廓线是后半部的前短后长和前面的向后下垂两种曲线的组合。

（2）b 部发重线有层次差。

（3）c 部发重线和轮廓线不同，从后脑区由长变短入剪，然后向前剪成圆形，再向前做成前长后短的形式。

（4）d 部整体有立体感。

从清晰的厚重点和前短后长的轮廓线来看，其实可以遵循从后部中心开始入剪的方法，但是由于整体的轮廓线是前短后长的效果，因此从前面向后入剪的方法更加容易做出效果。但是如果只用这种从前面入剪的方式，很难达到后部的轮廓效果。因此在后部剪完整体效果后，再从前面向后剪出混合曲线。

2. 如何划分发片

如上图所示：

（1）e 部轮廓线是从后脑勺凹陷处开始，由长变短。

（2）f 部角形成在前侧部。比鬓角更加靠前的位置。

（3）g 部发重堆积位置的高度和后脑的凹陷处持平。

后脑区的厚重点和厚重曲线与层次娃娃头相同，取和轮廓线平行的斜向发片修剪，一直向前修剪到鬓角处为止；之后侧发区前部要取和发际线平行的、接近纵向的发片，向前拉伸入剪，做出前短后长的曲线。

3. 发重的高低处理以及发区之间的衔接修剪

如上图所示：

（1）h 部发重堆积位置有很清晰的立体感，但是比起发型 A，更有弧度。

（2）i 部从后部开始的轮廓线是由长变短。

（3）j 部侧发区和前部是和轮廓线平行的发重线。

后脑区的要领可以遵循发型 A，在堆积重量修剪的同时，做出立体效果。前部因为向前推进衔接修剪，形成了前短后长的曲线。侧发区部进行衔接操作，然后向下剪，并且要注意层次差做的不能够太过于明显。到了角的部分，要减弱衔接操作，然后开始向下剪，进行削发的操作。

各发区修剪分析

枕骨以下发区

从后脑区中心取纵向发片，做出厚重点基准后，按照发型 A 的修剪方法，在脖颈处取"八"字状的斜向发片进行操作。

后脑区上部

耳朵部位取和希望完成的轮廓线相平行的发片，一边进行衔接修剪操作一边做出由长变短的轮廓线，然后朝向前侧做出由短变长的轮廓线。

侧发区和刘海区

在前部可以留下比较清晰的角，一边对角进行削发操作，一边让轮廓线和后部的轮廓线进行连接。

发片分析图

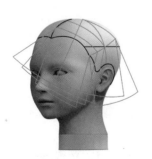 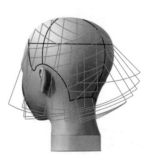

发片展开图

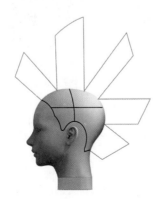 

发型 C 具体修剪过程

01	02	03	04	05
沿中心线将头发分为左右两个发区。右半区从枕骨处向下取三角形的发片1。	将发片斜向45°拉出。	按照设定的长度，90°切口从下向上修剪。	从枕骨处继续向右一点放射取发片2。	斜向45°拉出发片，以发片1为导线，90°切口从下向上修剪。直至将发片剪完。

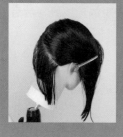

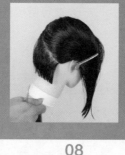

06	07	08	09	10
从枕骨处继续向右一点放射取发片3。	将发片向下0°提拉，以发片2为导线，从下向上剪。	发片3修剪完毕。	继续向右一点放射取发片4，向下梳顺。	以发片3为导线，90°切口从右向左剪。

11	12	13
接着修剪左半区。和右半区一样，从枕骨处取纵向的三角形发片1，斜向45°拉出发片，按照设定的长度（和右半区发片1的长度相同），90°切口从上向下剪。	然后从枕骨处继续向左一点放射取发片2。	将发片向下0°提拉，以发片1为导线，90°切口从右向左剪。

14	15	16	17
继续向左一点放射取发片 3。	发片向下 0° 提拉，以发片 2 为导线，90° 切口从上向下剪。	向下梳理检查，修剪切口。直至将发片 4 剪完。	继续向左一点放射取发片 4。

18	19	20	21	22
向下梳顺，0° 提拉发片。	以发片 3 为导线，90° 切口从上向下剪。	继续修剪右半区。从耳上位置，向上45° 的方向将右半区分为上下两部分。	分界线以下没有修剪的头发为发片 5。从发片 5 的左上角一点放射，将发片5 分为 A、B、C 三个发区。	先剪 A 区，将 A 区头发向下拉伸，以发片 4 为导线进行修剪。

23	24	25	26
A 区修剪完的样子。	用梳子划分 B 区。	将 B 区头发向下梳顺。	以发片 4 为导线，修剪 B 区。0° 提拉发片。

27	28	29	30
切口要修剪整齐。	将头发下拉，修剪整理切口。	开始修剪 C 区，从左向右剪。	向右推进修剪，保持切口整齐。

31	32	33	34
继续向右推进修剪。	继续向上取平行的发片 6，向下梳顺。	发片 6 从左向右推进修剪。将最左边的发片 0° 提拉，90° 切口修剪。	将切口修剪整齐。

35	36	37	38	39
向右推进修剪。	切口修剪整齐。	向右推进修剪，0° 提拉发片，90° 切口修剪。	切口修剪整齐。	向右推进修剪。

40	41	42	43	44
以发片5为导线修剪。	向右推进修剪，发片向下拉出。	以发片5为导线，90°切口修剪。	注意发片从左到右修剪过程，角度逐渐减少，修剪最右边时，发片向下拉。	发片6修剪完毕。

45	46	47	48
继续向上取平行的发片7。将发片7向下梳顺。	从左边开始剪。0°提拉发片。	以发片6为导线，90°切口修剪。	逐渐向右推进修剪，从左向右修剪过程中，发片提拉的角度越来越小。

49	50	51	52	53
剪至最右边时，发片向下拉伸。	切口修剪整齐。	从前额中心点向上方一点放射取三角形发片8。	发片8向下梳理。	发片较宽，分成若干次修剪，从左边开始剪起。

54

0° 提拉发片，90° 切口修剪。

55

向右推进修剪。

56

继续向右推进修剪。发片 8 修剪完毕。向下梳顺。

57

向上取和发片 8 平行的发片 9，0° 提拉发片，以发片 8 为导线，90° 切口从左边开始修剪。

58

向右推进修剪发片 9。

59

修剪时的正面视图。

60

修剪时的侧面视图。和侧面头发连接时要自然。

61

继续向上取和发片 9 平行的发片 10。沿头发自然生长的方向拉出发片，切口和发片保持90°，以发片 9 为导线修剪。先剪右边。

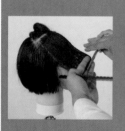

62

从右向左推进修剪。

63

头顶区面积小，发片 10 的左侧会延续到后面。将发片 10 最左边按头发生长方向拉向后方修剪。

64

发片 10 延伸到右侧的部分，则按头发生长方向拉向右侧修剪。

65

侧视图。切口要修剪整齐。

66	67	68
将头顶的全部头发取下，为发片11。将发片11水平拉出，以发片10为导线，90°切口修剪。	开始修剪左半区。前面左区已经修剪到发片5，现在继续向上取平行的发片6。发片6同样一点放射分成三部分：A区、B区、C区。先剪右下方的A区。将A区头发斜向45°拉伸出来，90°切口修剪。	向左推进剪B区，剪发和A区一样，以发片5为导线修剪。

69	70	71	72	73
继续向左推进修剪C区。0°提拉发片，90°切口修剪。	将发片6向下拉伸，修剪切口。	继续向上取平行的发片7。	发片从右向左推进修剪。0°提拉发片，90°切口修剪。	继续向左推进修剪，直至将发片7修剪完毕。

74	75	76	77	78
将发片7向下拉伸，将切口修剪整齐。	从前额中心点向左上方一点放射取三角形发片8。	将发片8向侧前方0°提拉，以发片7为导线，90°切口修剪。	继续从右向左修剪发片8。	和发片8平行向上取发片9。

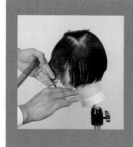

79	80	81	82	83
将发片9向侧前方0°提拉,以发片8为导线,90°切口修剪。	发片9修剪完后的状态。	将剪过的发片梳顺,检查切口。	继续向上取平行的发片10,向下梳顺,从左向右剪。	先将左侧部分向侧前方0°拉伸,以发片9为导线修剪。

84	85	86	87
然后再将右侧部分向前方拉伸,和地面平行,修剪切口。	继续向上取平行的发片11。	将发片11向前方0°拉伸,以发片10为导线修剪。从左到右修剪,先剪左边,再剪右边。	继续向上取平行的发片12,从左向右修剪。先剪左侧部分,发片0°拉伸。

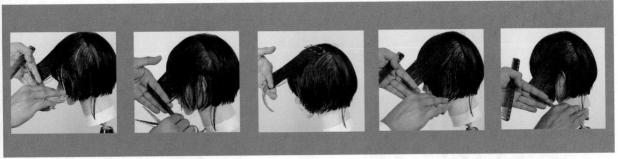

88	89	90	91	92
向右侧推进修剪。90°切口修剪。	继续向右侧下方推进修剪，和侧发区的头发过渡连接。	继续向上取平行的发片13，从左向右修剪。先剪左侧部分，发片0°提拉。	向右侧推进修剪。90°切口修剪。	继续向右侧下方推进修剪，和侧发区的头发过渡连接。

93	94	95
剩余的没剪的头发为发片13。将发片13梳顺，向后方水平拉伸。	以下方的发片为导线，90°切口修剪，切口剪齐。	检查切口并修剪整齐。

发型 C 湿发状态

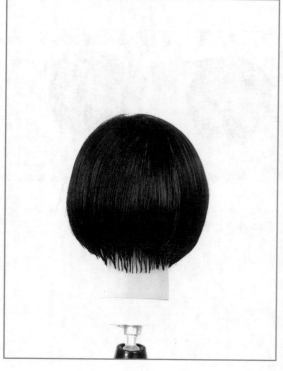

发型 C 干发状态

发型 C-1

有平缓坡度的前短后长的混合曲线娃娃头

这一发型有比较平缓的前短后长的曲线,从侧面看,与发型 A 比较相似,不过从正面看,会发现是非常清晰的前短后长的轮廓线。但是后部的轮廓线则是前长后短的。前短后长的轮廓线到了耳朵下方的位置开始衔接在一起,而发重线则是前长后短的效果。

发型分析

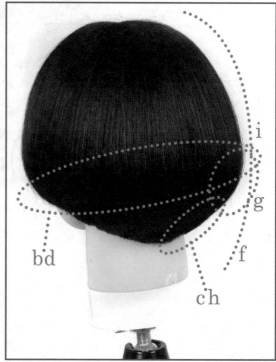

1. 从什么地方开始进行剪发

如上图所示:

(1) a 部轮廓线,从鬓角处开始沿着嘴部曲线推进,做出比较平缓的有弧度的前短后长的效果。

(2) b 部从后部到两侧,做成前长后短的轮廓线。

(3) c 部脖颈处要沿着骨骼做出立体的效果。

此发型为前短后长的轮廓线前长后短的发重线的混合型效果,需要从后部和前部两个方向入剪。

2. 如何划分发片

如上图所示:

(1) d 部到耳朵下部位置做成前长后短的轮廓线。

(2) e 部重点发重堆积位置在后脑区凹陷处下方的较低位置。

(3) f 部整体印象有厚重感,呈弧形。

脖颈处的立体效果和发型 A 相同,从后部中心开始一点放射取"八"字形状的斜向发片,剪到耳朵后部为止,然后向上逐渐变成与轮廓线平行的斜向发片,做出前长后短的轮廓线效果。然后侧发区取与耳前发际线平行的斜向发片,做出前短后长的曲线。

3. 发重的高低处理以及发区之间的衔接修剪

如上图所示：

（1）g 部发重堆积位置有清晰的弧形。

（2）h 部脖颈处比起发型 A 更有弧度。

（3）i 部轮廓线由后部向前操作，在耳朵下方的位置融合在一起。

清晰弧度的发重堆积位置、前长后短的轮廓线都适合层次娃娃头，需要向上、向下修剪组合起来。将前部的头发向后进行衔接时，随着向后部的移动，同时进行向上剪的操作，然后继续做出前长后短的轮廓线，与后部的发重线相连接。

各发区修剪分析

枕骨以下区域

从后脑区中心的凹陷处拉出纵向的发片，做出发重堆积位置的基准。然后一点放射取发片，取到耳朵上面位置，以"八"字形状的斜向发片推进修剪，做出脖颈处的立体感。

后脑区、侧发区和刘海区

从前向后反向入剪。取与侧发区发鬓线平行的发片，沿着头部曲线做出环状的后缀式前短下长曲线。一边向后方进行衔接操作，一边朝着后部向上剪。

发片分析图

发片展开图

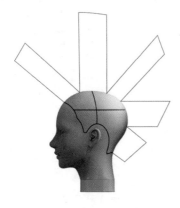 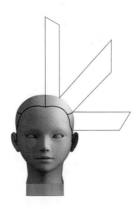

发型 C-1 具体修剪过程

01

将头发从中心线分成左右两部分，先剪右半区。从中心线上枕骨处，向右下45°将右半区头发分为上下两部分。上面的头发用夹子固定，然后从枕骨处一点放射向右下方取发片 1。

02

发片 1 呈 45° 拉出，按设定的长度，从下向上 90° 切口修剪。

03

继续向右一点放射取发片 2，45° 拉出，以发片 1 为导线修剪。

04

90° 切口从下向上剪。

05

继续向右一点放射取发片 3，沿头发自然生长方向拉出，切口和发片保持 90°，以发片 2 为导线，从下向上剪。

06

继续向右一点放射取发片 4，向下 0° 拉伸发片，以发片 3 为导线，从下向上剪。

07

继续向右一点放射取发片 5，向下拉伸，切口和发片保持 90°，以发片 4 为导线，从下向上剪。

08

继续向右一点放射取发片 6，向下 0° 拉伸，以发片 5 为导线，90° 切口从下向上剪。

09

右侧下部分头发剪完后的状态。

10	11	12	13
向上取和发片6平行的发片7。发片7一点放射分成三部分：A区、B区和C区。先剪A区，按头发生长方向拉出来修剪。	向右推进修剪B区，剪法和A区一样，按头发生长方向拉出来，90°切口修剪。	向右推进修剪C区，剪法和B区一样，按头发生长方向拉出来，90°切口修剪。	贴右侧发际线取和发际线平行的发片8。发片8向下0°拉伸，从右向左修剪。耳朵前方的头发向侧后方拉出，90°切口修剪；耳朵后面的头发向侧前方拉出，90°切口修剪。

14	15	16	17
继续向上取和发片8平行的发片9，向下梳顺，从右向左修剪。	耳朵前面的头发向侧方0°拉伸，以发片8的右边部分为导线修剪。	向左推进。耳朵后面的头发（包括覆盖耳朵的头发）向前方拉伸，以发片8为导线，90°切口修剪。	梳理，整理切口。

18	19	20	21	22
继续向上取和发片9平行的发片10，向下梳顺。	从右向左修剪，0°提拉发片，以发片9为导线，90°切口修剪。	向左推进。0°提拉发片，以发片9为导线，90°切口修剪。	发片10修剪完毕。	继续向上取和发片10平行的发片11，向下梳顺。

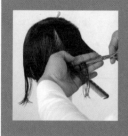 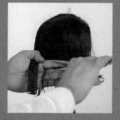   

23	24	25	26	27
从右向左修剪。0°提拉发片，以发片10为导线，90°切口修剪。	向左推进修剪，直至将发片11剪完。	直至将发片11剪完。	将其余头发全部取下，为发片12。向下梳顺。	从右向左修剪。0°提拉发片，以发片11为导线，90°切口修剪。

28	29	30	31
向左推进修剪。	直至发片12修剪完毕。右半区的头发修剪完毕。	开始修剪左半区。从中心线上最凸出的点，一点放射向左下方取发片1。45°拉出，按设定的长度，90°切口从上向下修剪。	继续向左一点放射取发片2，45°拉出，以发片1为导线修剪。

32	33	34	35	36
继续向左一点放射取发片3，0°提拉发片，以发片2为导线，90°切口修剪。	继续向左一点放射取发片4，向下0°提拉，以发片3为导线修剪。	继续向左一点放射取发片5，向下0°提拉，以发片4为导线修剪。	继续向左一点放射取发片6，向下0°提拉，以发片5为导线修剪。	左侧下部分头发剪完。两侧下部分修剪完毕的后视图。

| 37 | | 38 | 39 | 40 |

37 向上取和发片6平行的发片7，较厚。发片7一点放射分成三部分：A区、B区和C区。先剪A区，0°提拉发片，90°切口修剪。

38 再剪B区，剪法和A区一样，0°提拉发片，90°切口修剪。

39 从右向左修剪B区。

40 向左推进修剪C区。将C区头发梳顺。

| 41 | 42 | 43 | | 44 |

41 从右向左剪。0°提拉发片，90°切口修剪。

42 继续向左推进修剪。

43 向左推进修剪完毕后，发片下拉，修剪切口。

44 贴左侧发际线取和发际线平行的发片8，向下梳顺。

| 45 | 46 | | 47 | 48 |

45 发片8向下0°拉伸，90°切口修剪。

46 向右推进修剪。耳后的头发拉向侧前方修剪。

47 发片8修剪完毕。

48 向上取和发片8平行的发片9。向下梳顺。

49	50	51	52	53
从左向右修剪。向侧前方 0° 提拉发片，以发片 8 为导线，90° 切口修剪。	向右推进修剪。	发片 9 修剪完毕。	向上取和发片 9 平行的发片 10。向下梳顺。	从左向右修剪。按头发自然生长的方向拉伸，以发片 9 的左边部分为导线修剪。

54	55	56	57	58
向右推进修剪。	90° 切口修剪，切口要整齐。继续向右推进修剪。	发片下拉，切口修剪整齐。	如图，右边的分线向左延伸，取分线下边的头发，向后梳理，90° 切口修剪。	继续向上取和发片 10 平行的发片 11，向下梳顺。

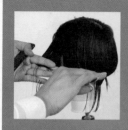    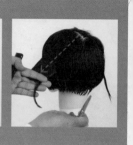

59	60	61
发片 11 较宽，从左向右分成若干次修剪。	左边部分 0° 提拉发片，90° 切口修剪。	向右推进修剪，耳后区域的头发向前拉向耳朵位置，90° 切口修剪。

62	63	64	65
继续取右侧分线延长线下方的头发，向后梳理，修剪切口。	向左延伸取发，修剪切口。	继续向左延伸取发，修剪切口。	将剩余没剪的头发取下，为发片12。向下梳顺，下拉修剪。

66	67	68
发片下拉，切口修剪整齐。	再次从左向右梳理发片，检查切口。	0°提拉发片，90°切口修剪，整理切口。

发型 C-1 湿发状态

发型 C-1 干发状态

发型 C-2

后缀式前短后长的混合曲线娃娃头

从后到前的侧面呈现前短后长的后缀式是此发型的特点。以鬓角处的角为分界,存在着两个梯度的后缀式曲线。后部的发重堆积位置处于低点位置,整体感觉比较清晰。

发型分析

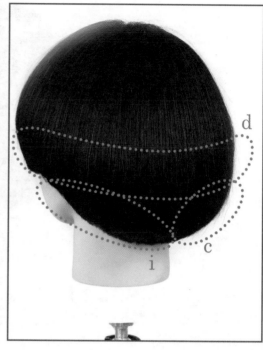

1. 从什么地方开始进行剪发?

如上图所示:

(1) a 部两种轮廓线混合在一起,一种是从脖颈处到鬓角,比较平缓的后缀式前短后长曲线,还有一种是从鬓角到刘海位置,是起伏比较急的后缀式前短后长曲线。

(2) b 部两侧有角的存在。

(3) c 部脖颈处的厚度,位置较低,有弧形的立体效果。

轮廓线如果是后缀式前短后长的效果,一般从前向后入剪操作,但是如果自始至终都采取这个方法的话,很难保持低点位置发重堆积的稳定性。因此,首先要确定低位置的发重堆积位置,然后从前向后入剪,做出一个后缀式前短后长的混合型曲线是比较合理的做法。

2. 如何划分发片

如上图所示:

(1) d 部到耳朵下方位置做成前短后长的发重线。

(2) e 部发重堆积位置在后脑区凹陷处下方的较低位置。

(3) f 部整体印象是有厚重感,呈弧形。

因为厚重点位置较低,因此最开始要从后脑区中部到脖颈处取纵向发片,然后做出厚度堆积修剪的基准。脸部周围比较紧凑的空间需要做出后缀式前短后长的曲线,需要从纵向斜度的发片开始操作,然后向两侧推进,再取横向发片做出后部有厚重感的效果,在剪出环形效果的同时逐渐移动修剪。

3. 发重的高低处理以及发区之间的衔接修剪

如上图所示：

（1）g 部发重堆积位置有平缓的弧形。

（2）h 部从刘海到两侧，需要沿着耳前发际线做出角度较大的后缀式前短后长的环形，整体感觉比较紧凑。

（3）i 部从脖颈处到两侧，是角度比较平缓的前短后长后缀式，越靠近刘海处，越有厚重感。

脖颈处与发型 A 的修剪相同，在进行衔接操作的同时向下剪，在一个较低位置做出发重堆积。以前部设定的相对较短的轮廓线为基准，为了取纵向斜向的发片，进行比较大规模发量堆积的衔接操作。在接近刘海处取接近横向的发片，通过上下剪的方式剪出环状，从而起到控制厚度的作用。

各发区修剪分析

枕骨以下区域

在后脑区中心位置，向下到脖颈处取纵向发片，做出发重堆积位置的基准。然后以其为基准，在枕骨以下一点放射取斜向发片，向下剪的同时，做出后部的轮廓线。

后脑区、侧发区和刘海区

取与侧发区发鬓线平行的发片，做出头发帘的基准后，沿着头部曲线做出环状的后缀式前短下长曲线。一直向上推进修剪，前侧部再修整成轮廓线的基准，在做出角度的同时，与刘海相连接。

发片分析图

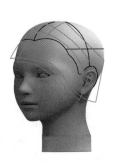 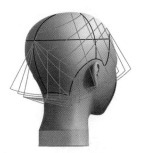

发片展开图

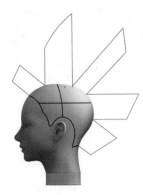 

发型 C-2 具体修剪过程

01
沿中心线将头发分为左右两部分，再从黄金点开始向右下方 45° 方向，将右半区头发分成上下两部分。上面头发用发卡固定。

02
贴中心线向右侧放射状取纵向的三角形发片，按头发自然生长的方向拉出，按照设定的长度，从下向上修剪。

03
右半区下方修剪完毕。

04
贴右侧脸部周围发际线取发片，向下梳顺。

05
发片向前方 0° 提拉，按照设定的长度，90° 切口修剪。

06
从右向左推进修剪。

07
修剪完毕。

08
接着向上推进，取平行的发片。

09
和上一片的剪法一样，0° 提拉发片，以上一发片为导线，90° 切口修剪。

10
从右向左推进修剪。

11
发片 3 修剪完毕。

12
继续向上推进取平行的发片。

13
0° 提拉发片，以上一发片为导线，90° 切口修剪。

14
其余头发全部取下。

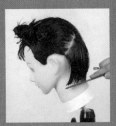

15

按照头发自然生长的方向，分别向前面、右侧和后面0°提拉发片，90°切口修剪。

16

向后面拉伸修剪。

17

右半区修剪完毕。

18

接着开始修剪左半区。

19

从中心线开始，向左呈放射状取三角形发片（约4片），按照设定的长度，90°切口修剪。

20

指尖向上，90°切口修剪。

21

左半区下方修剪完毕。

22

贴左侧脸部周围发际线取发片，向下梳顺。

23

发片向前方0°提拉。

24

按照设定的长度，90°切口修剪。

25

继续向右推进修剪。

26

接着向上推进取平行的发片。

27

和上一片的剪法一样，向前 0° 提拉发片，以上一发片为导线，90° 切口修剪。

28

直至这一发片修剪完毕。

29

继续向上推进取平行的发片，向前 0° 提拉发片，以上一发片为导线，90° 切口修剪。

30

和上一片发片的剪法一样，向前 0° 提拉发片，以上一发片为导线，90° 切口修剪。

31

直至这一发片修剪完毕。

32

其余头发全部取下。

33

分别向前面、右侧和后面 0° 提拉发片，90° 切口修剪。此图片为向侧前方拉伸修剪。

34

梳理剩余头发。

35

前方头发的修剪，要 0° 提拉发片，90° 切口修剪。

36

向侧前方拉伸修剪。

37

向左侧方拉伸修剪。

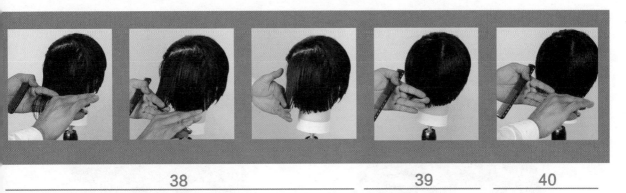

| 38 | | | 39 | 40 |

后侧头发的拉伸修剪。注意 0° 提拉发片，以下面的发片为导线，90° 切口修剪。　　　　　　　　　　向下梳理，检查切口。　修剪切口。

| 41 | 42 |

向左推进修剪。　　　切口修剪整齐。

发型 C-2 湿发状态

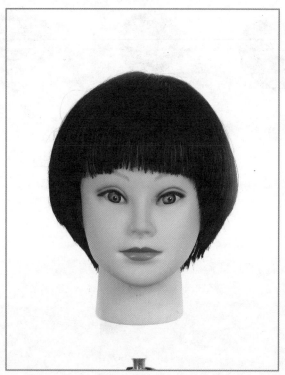

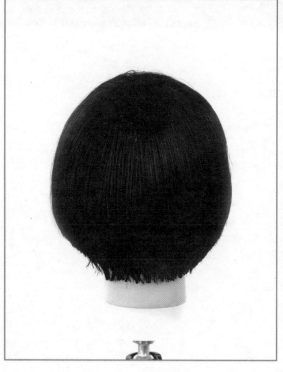

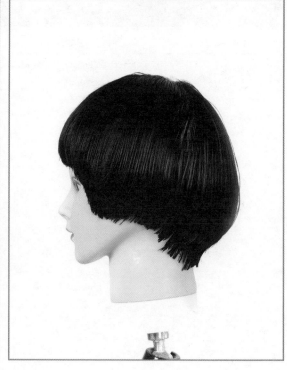

发型 C-2 干发状态

发型 C-3

在脸部周围形成弯曲曲线的混合曲线娃娃头

这一发型是本书中长度最短的层次娃娃头。最值得注意的地方就是从头发帘到耳朵后面形成了一个弯曲的环形曲线。发重堆积位置在一个很清晰的高点位置，从后面看是圆弧状，但同时有自己独特的形状，从耳后到脖颈处凸显出发际线的形状也是这个发型的特点。

发型分析

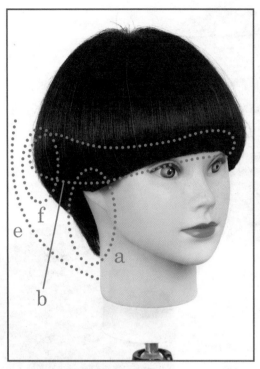
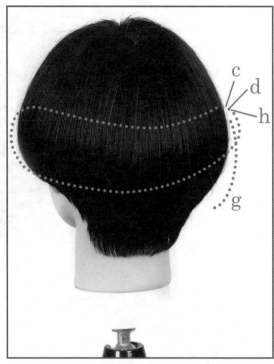

1. 从什么地方开始进行剪发?

如上图所示:

(1) a 部脖颈处到耳后位置沿着发际线做成的后缀式前短后长的轮廓线,呈现出竖长形的圆弧状。

(2) b 部前面都是比较平缓的弯曲状轮廓线。

(3) c 部发重线是平缓的环状,带出弧形效果。

因为有刘海,因此如果只是单靠前面入剪,很难使后面出现厚重感的效果。相反,单从后面入剪,也很难做出耳朵后面的凹陷坡度和环形的后缀式前短后长的效果。因此,在做出了后部的厚度后,再从前面向后剪,做出混合型曲线的娃娃头是最合适的。

2. 如何划分发片

如上图所示:

(1) d 部发重线沿着头部弧度呈现为环状,基本上和轮廓线平行。

(2) e 部后部是有立体效果的弧形。前部比较紧凑。

(3) f 部发重堆积位置是比后脑区凹陷部稍高的位置。

要做出纵长效果的发型,要以取纵向斜向的发片为主。但是如果只是纵向发片则很难体现出发重堆积位置的弧形和高度,因此最开始需要从后部做出发重堆积位置的基准。完成发重堆积位置基准后,沿着发际线取接近纵向斜向的发片,然后从前向后进行操作,从而可以做出弯曲的轮廓线和环形发重线。

3. 发重的高低处理以及发区之间的衔接修剪

如上图所示:
(1) g 部发重堆积位置有平缓的弧形。
(2) h 部发重线沿着头部弧度呈现出环状,基本上与轮廓线平行。
(3) i 部从脖颈处到两侧是角度比较平缓的后缀式前短后长曲线,越靠近刘海处,越有厚重感。

平缓的弧形厚重点是通过发量堆积操作和向上剪来实现的。与轮廓线平行的环状发重线,是通过环状上下剪发做出的。弯曲的轮廓线,是沿着发髻线的形状进行衔接操作,然后从前向后面入剪的方式做成的。

各发区修剪分析

后脑区下部

在后脑区中心较高点到脖颈处取纵向发片,做出发重堆积位置的基准。然后以此为基准在后部一点放射拉伸"八"字形状的接近纵向的斜向发片,沿着底部发际线到后脑两侧最下部为止,做出轮廓线和高位置发重线。

后脑区上部、侧发区和刘海区

在侧发区沿着发际线取接近纵向的斜向发片,向前进行衔接操作的同时,剪到可以露出耳朵的长度。然后,取接近纵向的斜向发片,从耳朵上方开始逐渐进行发量堆积操作的同时,向上剪发,之后向后、向上推进。

发片分析图

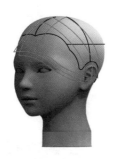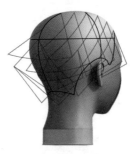

发片展开图

发型 C-3 具体修剪过程

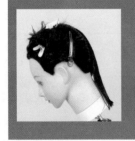

01

沿中心线将头发分为左右两部分,分别固定。将头模前倾45°,从中心线顶部向下取三角形发片1。

02

将发片呈水平方向梳理。

03

按照设定的长度,从上向下90°切口修剪。

04

发片较宽,先修剪上半部分。随着向下修剪,发片的提拉方向也跟着头部弧度改变,始终沿头发生长方向提拉。

05

上半部分剪完后的状态。

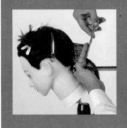

06

继续向下修剪。沿头发生长方向提拉发片,90°切口修剪。

07

切口保持整齐。

08

发片1修剪完毕。

09

将修剪完的发片向下梳理。

10

向左一点放射取三角形发片2,水平梳理,90°切口从上向下剪。

11

先修剪上半部分,以发片1为导线修剪。沿头发生长方向提拉发片,90°切口修剪。

12

继续向下修剪。切口保持整齐。随着向下修剪,发片的提拉方向也跟着头部弧度改变,始终沿头发生长方向提拉。

13

直至将发片2修剪完毕。

14	15	16	17

14 发片2修剪完毕的状态。

15 继续向左一点放射取三角形发片3，以发片2为导线修剪。

16 发片水平拉出，切口和发片保持90°，从上向下剪。

17 发片3修剪完毕。

18	19	20

18 继续向左一点放射取三角形发片4，水平拉出，以发片3为导线，90°切口修剪。

19 发片较宽，可分上下两部分修剪。先剪上半部分，90°切口修剪。

20 继续向下修剪的。随着向下修剪，发片的提拉方向也跟着头部弧度改变，始终沿头发生长方向提拉。

21	22	23	24

21 发片4修剪完毕的后视图。

22 开始修剪右半区。以中心线上修剪过的三角形发片为发片1，向右一点放射取三角形发片2。

23 发片较宽，可分成上、下两部分修剪。

24 先剪上半部分。发片水平拉出，90°切口从下向上剪；随着向下修剪，发片的提拉方向也跟着头部弧度改变，始终沿头发生长方向提拉。

25	26	27	28
再剪下半部分。沿头发生长方向拉出发片，以发片1为导线，从下向上剪。	继续向右一点放射取三角形发片3。水平拉出，以发片2为导线修剪。	分成上下两部分剪，先剪上半部分。	切口和发片保持90°，继续修剪上半部分。

29	30	31	32
剪下半部分。沿头发生长方向拉出发片，以发片2为导线，从下向上剪。	继续向右一点放射取三角形发片4。	分上下两部分修剪，将上半部分水平拉出。	切口和发片保持90°，从下向上修剪。切口修剪整齐。

33	34	35	36	37
剪下半部分。沿头发生长方向拉出发片，以发片3为导线，从下向上剪。	贴右侧脸部周围发际线取发片，向下梳顺，为右侧的发片5。	取靠近前中心的部分，0°提拉发片，按照设定的刘海长度修剪。	切口和发片保持90°修剪。	继续向左推进修剪发片5。发片向前向下拉伸，90°切口修剪。

38	39	40	41
继续向左推进，90°切口修剪。	同样，贴左侧脸部周围发际线取左侧的发片5。	将左侧发片5中靠近前中心的部分向下0°拉伸，按照设定的长度，90°切口修剪。	沿头发自然生长的方向，向下拉出发片，向右推进修剪。

42	43	44	45	46
继续向上取和左边发片5平行的发片6，发片较宽，分成左、右两部分修剪。	先剪左边部分，发片向下拉伸，以发片5为导线修剪。	再剪右边。沿头发自然生长方向拉出发片，以发片5为导线，90°切口修剪。	侧边部分同样0°拉伸，切口和发片保持90°修剪。直至发片6修剪完毕。	继续向上取和左边发片6平行的发片7。

47		48	49	50
发片前面的部分0°拉伸，以发片6为导线修剪。切口修剪整齐。		向右推进修剪，0°提拉发片。	90°切口修剪。	向右侧推进修剪。

51	52	53	54	55
最右边耳前部分，下拉修剪，切口和地面平行。	继续向上取和左边发片 7 平行的发片 8。	前面的部分向下拉伸，以发片 7 为导线修剪。	90°切口修剪。向右推进修剪。	沿头发自然生长的方向拉出，以发片 7 为导线修剪。

56	57	58	59
向右推进，发片向侧前方 0°提拉，90°切口修剪。	向右推进修剪。最右边耳前部分下拉修剪，切口和地面平行。直至将发片 8 修剪完毕。	继续向上取和左边发片 8 平行的发片 9，向前 0°提拉。	90°切口修剪。向右推进修剪。

60	61	62	63
继续向右推进修剪。最右边耳前部分下拉修剪，切口和地面平行。	最右边耳前部分水平修剪。	继续向上取和左边发片 9 平行的发片 10。	前面部分将发片向前 0°提拉，以发片 9 为导线，90°切口修剪。

64	65	66	67	68
将切口修剪整齐。继续向右推进修剪。	最右边耳前部分下拉修剪，切口和地面平行。	最右边耳前部分水平修剪。继续向右推进修剪。	90°切口修剪，切口修剪整齐。	继续向右推进修剪。

69	70	71
90°切口修剪，直至将发片10修剪完毕。	继续向上取和左边发片10平行的发片11，0°提拉发片，以发片10为导线，90°切口修剪。然后向右推进修剪。	继续向右推进修剪。右侧、后侧的头发分别向右侧面、后面拉出，90°切口修剪。然后将切口修剪整齐。

72	73	74
继续向右侧推进修剪。	发片向左下方拉伸，检查切口，直至将发片11修剪完毕。	继续向上取平行的发片12，0°提拉发片，以下面的发片为导线，90°切口修剪。

   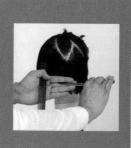

75	76	77	78	79
修剪切口，确保切口整齐。	向右推进修剪切口。	继续向下梳理，检查切口。	保持切口整齐。	继续向右推进检查切口，直至发片 12 修剪完毕。

    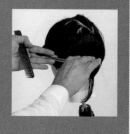

80	81	82	83	84
继续向上取平行的发片 13。	0° 提拉发片，以下面的发片为导线，90° 切口修剪。	向右推进修剪。	确保切口整齐。	继续向右推进修剪。

85	86
继续向右推进修剪。0° 提拉发片，以下面的发片为导线，90° 切口修剪。	然后继续向右推进修剪。0° 提拉发片，以下面的发片为导线，90° 切口修剪。

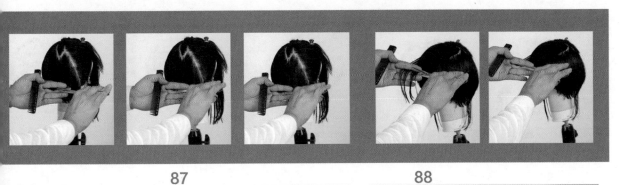

87

检查并修剪切口。

88

继续向上取平行的发片 14。0° 提拉发片，以下面的发片为导线，90° 切口修剪。

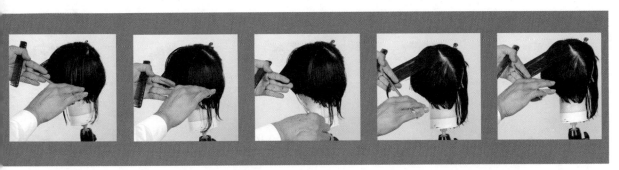

89

从左向右推进修剪。

90

检查切口，并将切口修剪整齐。

91

向右推进修剪。沿头发自然生长的方向拉出发片，切口和发片保持90° 修剪。

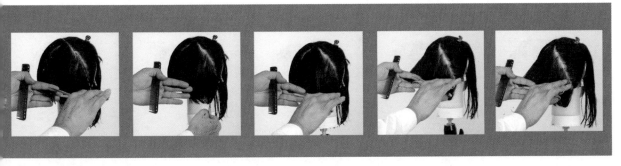

92

继续向右推进修剪。沿着分线向右取小的发片，各个发片沿头发自然走向 0° 提拉，90° 切口修剪。

93

沿着分线向右推进。

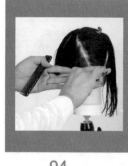

94	95	96	97	98
90° 切口修剪，将切口修剪整齐。	左半区修剪完毕，然后继续修剪右半区。右半区前面已经剪到脸部周围的发片5，现在继续向上取平行的发片6。	将发片6向下梳顺。	前方发片向下0°拉伸。以发片5为导线，90°切口修剪。	向左推进修剪。

99	100	101	102	103
发片向下0°拉伸。	以发片5为导线，90°切口修剪。将切口修剪整齐。	继续向左推进修剪，发片向下拉伸。	以发片5为导线，90°切口修剪。	注意切口修剪整齐。

104

继续向左推进修剪。剪法一样，发片向下0°拉伸，90°切口修剪。

105

剪至耳朵前方时，水平修剪。

106

继续向上取平行的发片 7，从右向左推进修剪。0°提拉发片，以发片 6 为导线，90°切口修剪。

107

继续向左推进修剪。

108

继续向左推进修剪，注意发片拉出的角度。

109

剪至耳朵前方时，水平修剪。

110

发片 7 修剪完毕。

111

继续向上取平行的发片 8。

112

从左向右推进修剪。0°提拉发片，以发片 7 为导线，90°切口修剪。

113

向左推进修剪。注意头发的拉伸角度。

114

侧区耳朵前面的头发，向下拉伸，水平修剪。检查修剪切口。

115

向侧前方0°拉伸，检查修剪切口。

116

继续向左推进修剪。发片向前方0°拉伸，切口和发片保持90°修剪。

117

继续向左推进，以下面的发片为导线修剪。

118

继续向上取平行的发片9。

119

前方的发片向前向下0°提拉，以发片8为导线，90°切口修剪，然后将切口修剪整齐。

120

从右向左推进修剪。

121

继续从右向左推进修剪。以发片8为导线，90°切口修剪。

122

继续向上取平行的发片10。将前面的发片水平拉出。

123

切口和发片保持90°，以发片9为导线修剪。

124

向左推进修剪，0°提拉发片。将切口修剪整齐。

125	126	127	128	129
继续向左推进修剪。切口和发片保持90°，以发片9为导线修剪。切口要修剪整齐。	继续向左推进修剪。	侧后方的头发向侧后方0°拉伸修剪。将切口修剪整齐。	和左区的过渡区，要过渡自然。	修剪切口。发片10修剪完成。

    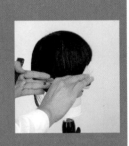

130	131	132
继续向上取平行的发片11。发片11前面的头发向前水平拉起。切口和发片保持90°修剪。	向左推进修剪。发片水平拉起，90°切口，以发片10为导线修剪。然后将切口修剪整齐。	继续向左推进修剪，侧区耳朵前面的头发，向下拉伸，水平修剪。

    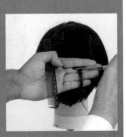

133	134	135	136
继续向左推进修剪，0°提拉发片。	切口和发片保持90°，以下面的头发为导线修剪。	注意后方左右区的过渡要自然。切口修剪整齐。	继续梳理检查切口，将切口修剪整齐。直至将所有头发修剪完毕。

发型 C-3 湿发状态

发型 C-3 干发状态

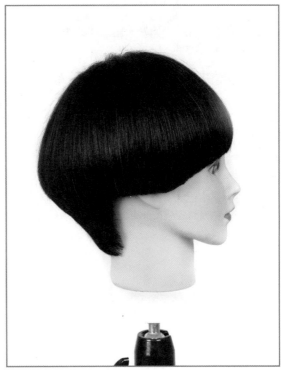

图书在版编目（CIP）数据

经典剪发专业技术图解. 波波头 : 视频教学版 / 润
凯编著. -- 北京 : 人民邮电出版社, 2017.6
ISBN 978-7-115-44611-4

Ⅰ. ①经… Ⅱ. ①润… Ⅲ. ①理发－造型设计－图解
Ⅳ. ①TS974.21-64

中国版本图书馆CIP数据核字(2017)第055866号

内 容 提 要

本书是专门针对波波头剪发技术的详细图解教程，书中详细图解示范了12款不同层次，不同轮廓，不同技术的波波头剪发过程，其中包括高堆积前缀式层次波波头、低堆积前缀式层次波波头、下垂线条波波头、齐发波波头、混合轮廓线波波头，等等。书中演示详细，是初学者必不可少的经典发型剪发技术教程。

本书适合美发培训学校师生、职业学校师生、美发师、美发助理阅读。

◆ 编　著　润　凯
　　责任编辑　李天骄
　　责任印制　周昇亮

◆ 人民邮电出版社出版发行　　北京市丰台区成寿寺路 11 号
　　邮编 100164　电子邮件 315@ptpress.com.cn
　　网址 http://www.ptpress.com.cn
　　北京缤索印刷有限公司印刷

◆ 开本：787×1092　1/16
　　印张：13.5　　　　　　　2017 年 6 月第 1 版
　　字数：331 千字　　　　　2017 年 6 月北京第 1 次印刷

定价：78.00 元

读者服务热线：(010)81055296　印装质量热线：(010)81055316
反盗版热线：(010)81055315
广告经营许可证：京东工商广字第 8052 号